Dennis R. Jenkins

MESSERSCHMITT
Me 262 Sturmvogel

Typen und Technik im Detail

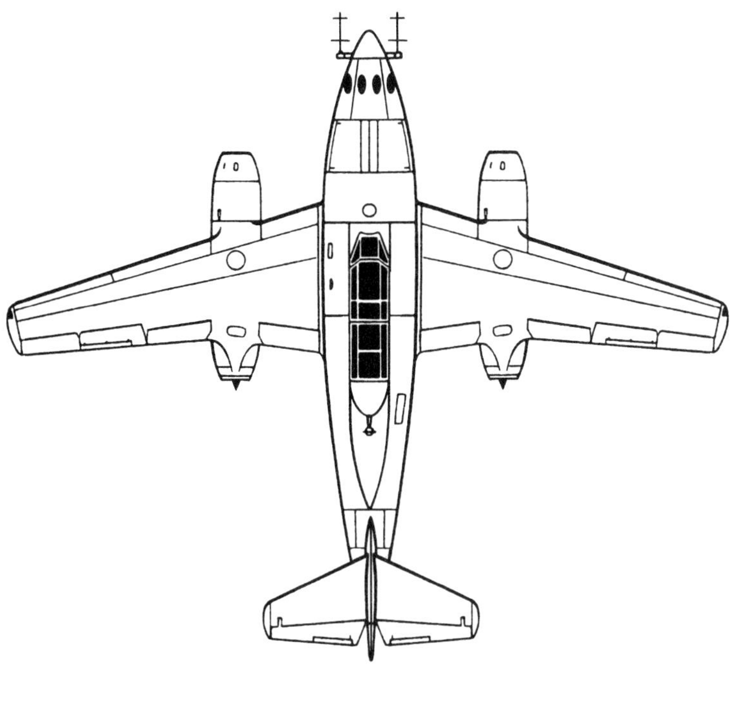

Bechtermünz Verlag

Originaltitel: Messerschmitt Me 262 Sturmvogel

Zuerst veröffentlicht in den USA
durch Specialty Press Publishers and Wholesalers, North Branch

Deutsche Erstausgabe

Produktion der deutschen Ausgabe: DRUCK & SACHE,
Gert Schemmann, Pemmering
Übersetzung aus dem amerikanischen Englisch: Jürgen Heinzerling, Hammeinkeln
Umschlaggestaltung: Ka • Ba factory, Augsburg
Umschlagmotive vorne: Behelfsnachtjäger Me 262 B-1a/
U1 (unten, Bildarchiv preußischer Kulturbesitz), Me 262 um 1941 (oben, AKG, Berlin)
Umschlagmotiv hinten: Behelfsnachtjäger Me 262 B-1a/
U1 (Bildarchiv preußischer Kulturbesitz)
Gesamtherstellung: Himmer, Augsburg
Printed in Germany

ISBN 3-8289-5339-5

Inhaltsverzeichnis

Die Messerschmitt Me 262 Sturmvogel

Vorwort

Einige Worte zur Einleitung

Über die Me 262 und ihre Bedeutung für den Ausgang des 2. Weltkrieges sind ebenso exzellente, wie auch weniger gute Bücher geschrieben worden. Es ist interessant, diese Werke miteinander zu vergleichen, wobei man feststellt, daß nur wenige Bücher in allen Details übereinstimmen. Daten über Jungfernflüge, die Namen der Piloten und auch Örtlichkeiten werden in den einzelnen Büchern häufig unterschiedlich wiedergegeben – teilweise weichen die Daten nicht nur um Tage, sondern um Monate voneinander ab!

Ich habe versucht, diese Unstimmigkeiten auszuräumen, indem ich die Daten anhand der wenigen heute noch existierenden Berichte von offizieller Seite abgeglichen habe. Trotzdem läßt sich nicht ausschließen, daß einige Daten falsch angegeben sind.

Im Unterschied zu der auch nach fünfzig Jahren noch weit verbreiteten Meinung glaube ich, daß das Flugzeug und die mit ihm zusammenhängenden Entscheidungen keinerlei Bedeutung für den Ausgang des Krieges hatten. Obwohl man den Einsatz der Firma Messerschmitt nur bewundern kann – innerhalb von nur 18 Monaten wurden 14.000 Flugzeuge dieses Typs produziert – waren davon zu keinem Zeitpunkt des Krieges mehr als 200 im Einsatz.

Was weder an dem Flugzeug selbst lag, noch an den politischen Hintergründen seiner Entwicklung und Herstellung – das Problem ergab sich allein aus der Technik. Junkers war nicht in der Lage, genügend zuverlässige Motoren für die von Messerschmitt gebauten Flugzeuge zu produzieren. Natürlich nahmen auch die Alliierten hierauf Einfluß. Deutschland hatte gegen Ende des 2. Weltkrieges Probleme bei der Beschaffung hitzebeständiger Metalle. Die fortlaufenden Bombenangriffe behinderten Produktion und Vertrieb wichtiger Bauteile. Viele bereits fertiggestellte Flugwerke wurden unmittelbar vor ihrer Auslieferung durch Granaten oder Bombenangriffe zerstört.

Um es auf einen Nenner zu bringen: Selbst wenn Hitler die Aufnahme der Produktion ohne Einschränkung genehmigt hätte wäre Junkers niemals in der Lage gewesen, eine ausreichende Menge von Motoren zu produzieren.

Obwohl die Me 262 in der Regel als zukunftsweisende Konstruktionen dargestellt wird, war sie in Wirklichkeit eine Kompromißlösung. Selbst ihre Konstrukteure waren mit zahlreichen Details unzufrieden. Der oft als „fortschrittlich" gepriesene Dreieckflügel war eine unausgegorene Lösung. Die Idee eines unten aufgehängten Rumpfes entstand nur aufgrund der übergroßen und übergewichtigen Triebwerke. Das Flugzeug war nur sehr oberflächlich im Windkanal getestet worden, was die enttäuschende Machzahl erklären dürfte. Die Konstrukteure waren keine bahnbrechenden Genies, sondern qualifizierte Ingenieure, die gemessen an den Umständen ihr Möglichstes taten.

Die vorliegende Studie beschäftigt sich mit der frühen Entwicklungsphase und den verschiedenen Produktionstypen der Me 262. Die operationellen Aspekte werden nur am Rande angesprochen, da es zu diesem Thema bereits mehrere hervorragende Standardwerke gibt. Dasselbe gilt für die gewaltigen Anstrengungen, die beim Aufbau der Produktionsanlagen unternommen wurden. Über die Verwendung der durch die Alliierten eroberten Me 262s hat Phil Butler mit *War Prizes* ein ausführliches Buch vorgelegt.

Bezeichnungen und Variationen

Die deutschen Bezeichnungen weichen teilweise von den international üblichen ab. Bei der Me 262 steht das „Me" selbstredend für die Messerschmitt AG, während die „262" eine durch das Reichsluftfahrtministerium zugeteilte Typennummer ist. Bei der ersten Produktionsversion wurde ein „A" angefügt (Me 262A), während deren frühen Variationen eine zusätzliche Nummer zugewiesen bekamen (Me 262A-1) und die nur geringfügig abweichenden Variationen durch einen Kleinbuchstaben gekennzeichnet wurden (Me 262A-1a).

Die für den Kampfeinsatz abgewandelten Typen sind durch ein numeriertes „U" nach der Herstellerbenennung zu erkennen (Me 262A1a/U1). Wie es auch bei den Luftstreitkräften anderer Länder üblich ist, wurde dieses Schema aber nicht immer so strikt eingehalten, wie es die Historiker gerne hätten.

Die Standardmethode zur Identifizierung einzelner Flugzeuge orientiert sich an zwei Punkten. Einer davon ist die sogenannte Werksnummer (Werk-Nr.), während die andere durch das Reichsluftfahrtministerium (RLM) vergeben wurde. Diese Seriennummer wurde beispielsweise in den Wartungshandbüchern verwendet oder auch zur Unterscheidung verschiedener Fertigungsabweichungen. Um die Geheimdienste der Alliierten zu verwirren, wurden diese Nummern nicht immer fortlaufend vergeben. Die Lücken sollten den Geheimdiensten der Alliierten weitaus höhere Produktionszahlen vorspiegeln. Außerdem erhielten die Flugzeuge sogenannte Stammkennzeichen in alphanumerischer Reihenfolge („xx-yy"), die über ihre Zugehörigkeit zu bestimmten Einheiten Auskunft geben sollten.

Üblicherweise erhielten die Prototypen sogenannte Versuchsnummern (V1, usw.). Im Fall der Me 262 betrifft dies die ersten zehn Maschinen. Aufgrund der hohen Verluste während des Testprogramms wurden einige fertiggestellte Flugzeuge zurück in die Messerschmittwerke gebracht und für weitere Tests verwendet, wobei sie die Versuchsnummern verlorengegangener Maschinen erhielten (die Werk-Nr. 130015 wurde in V1 umbenannt, die 170056 in V2, die 170303 in V7, usw.). Um weitere Verwirrungen zu vermeiden, wurde bei den später fertiggestellten Maschinen die letzten drei Ziffern ihrer Werksnummern als V-Zahlen angefügt (aus der 170056 wurde die V056, usw.). Zu den Testflugzeugen dieser Reihe gehörten die V074, die V083, die V167, V186 und die V555.

Die Luftwaffe ordnete alle Düsen- und Raketenmotoren einer mit 109 gekennzeichnete Gruppe zu, wobei den einzelnen Baugruppen jedes Herstellers eine fortlaufende Nummer zugewiesen wurde – BMW erhielt die 109-003, Jumo 109-004. Üblicherweise wird der Herstellername vor diese Nummer gesetzt und die 109 weggelassen. Haupt- und Nebenmodelle werden in der oben beschriebenen Weise bezeichnet.

ANMERKUNGEN

Der Autor bedankt sich bei folgenden Personen für die freundliche Unterstützung bei der Recherche zu diesem Buch: Jay und Susan Miller; Herbert und Georg Tischler von den Texanischen Flugzeugwerken; Henrik Clausen; Wesley B. Henrey und Dave Menard vom Flugzeugmuseum; David E. Brown, Dick Holbert und den Mitarbeitern des Luftfahrtausbildungszentrums in Arkansas.

Dennis Jenkins
1998

Die Me 262

Diese Fotos wurden über Deutschland von einem Piloten der 8. Jagdfliegerstaffel der US Air Force angefertigt, während er mehrere Salven abfeuerte. Bis heute vermitteln diese Aufnahmen wohl den besten Eindruck von den ersten Einsätzen dieser neuen Maschine.

Die ersten veröffentlichten Fotos der Me 262 wurden mit einer Schußkamera aus einer P-51 Mustang der 8. Air Force aufgenommen. Nur in der Start- oder Landephase war eine Mustang in der Lage, eine Me 262 abzuschießen, da deren Turbostrahltriebwerke auf abrupte Beschleunigungsmanöver relativ träge reagierten. Im Normalflug war die Me 262 jedem Jagdflugzeug der Alliierten überlegen. (Sammlung des Air Force Museums)

Die Geburt der Schwalbe

Die Ursprünge der Strahlturbine

Bereits 1863 hatte der Franzose Jean Delouvier ein Düsenantriebssystem für Flugzeuge entworfen und ab 1909 wurden in Frankreich in diesem Bereich mehrere Patente ausgestellt. 1930 erhielt der Fliegeroffizier Frank Whittle ein britisches Patent unter der Nummer 347206 für einen Motor mit Axialkompressor, Brennkammer, Axialturbine und kreisförmig angeordneten Rumpfdüsen. Ungeachtet bereits früher vergebener Patente, die Whittle vielleicht nicht bekannt waren, wird die Entwicklung des modernen Turbomotors in der Regel den Briten zugesprochen.

Am 10. November 1935 wurde Hans Joachim Pabst von Ohain in Deutschland das Patent mit der Nummer 317/38 für einen Turbomotor erteilt, den er während seiner Studienzeit an der Universität Göttingen entwickelt hatte. Im April 1936 warb der Flugzeughersteller Ernst Heinkel von Ohain an und stattete ihm für die Weiterentwicklung ein Labor aus. Im September 1937 konnte Dr. von Ohain den ersten Prototypen eines wasserstoffgetriebenen Turbinenmotors in Betrieb nehmen.

Dieses Bild verdeutlicht die entscheidenden Konstruktionsmerkmale einer Me 262A-1a (Werk-Nr. 111711): ein dünner, auf Hochgeschwindigkeit optimierter Pfeilflügel und die unter den Flügeln angebrachten Gehäuse für die Turbostrahltriebwerke. Diese Innovationen resultierten aus den Bemühungen der Ingenieure, die Kompressionseffekte unter Kontrolle zu bringen. (Sammlung des Air Force Museums)

Auch die Bayrischen Motorenwerke (BMW) versuchten sich Ende der 30er Jahre an der Konstruktion eines Düsenmotors. In München nahmen Dr. Kurt Löhner und Dr. Müller-Berner die Forschung für einen Zentrifugalmotor mit der Bezeichnung F9225-TL auf. Doch nach der Übernahme der Brandenburgischen Motorenwerke GmbH (Bramo) durch BMW im September 1939 wurden die Pläne der F9225-TL zu Gunsten des axialgetriebenen P.3302 verworfen, die ursprünglich auf eine Idee der Bramo in Berlin-Spandau zurückging. Man erwartete, daß der Motor Ende 1939 testbereit sein und einen Schub von 600 kp produzieren würde (bzw. 720 kp bei 900 km/h). Die Arbeiten wurden von Dr. Hermann Ostrich geleitet, der bereits seit 1928 über Düsenantriebe forschte.

Im Magdeburger Werk der Junkers Motorenwerke GmbH skizzierte Professor Herbert Wagner seine Pläne für ein Turbostrahltriebwerk. Aufgrund interner Streitigkeiten zwischen den verschiedenen Junkerswerken und auch wegen der aufwendigen Konstruktion seiner axialgetriebenen Turbine wurde dieses Programm jedoch schon bald darauf wieder verworfen. Nachdem die firmeninternen Konflikte gelöst worden waren, bekam Junkers Motorenbau (abgekürzt Jumo) unter Leitung von Dr. Anselm Franz den Auftrag, die Arbeiten an der Konstruktion der Strahlturbine s.t.T1 mit 680 kp aufzunehmen. Verglichen mit dem hochentwickelten BMW-Motor handelte es sich beim Jumo-Motor um eine einfache, leicht zu produzierende Konstruktion. Man erwartete, daß die ersten tauglichen Einheiten bis Mitte 1940 für Flugtests bereit stehen würden.

Die Geburt der Schwalbe

Im Spätherbst 1938 beauftragte das Technische Amt des Reichsluftfahrtministeriums (RLM) Willy Messerschmitt und Ernst Heinkel mit der Untersuchung, ob der Bau eines düsengetriebenen Flugzeugs unter Verwendung des neuen TL-Strahltriebwerkmotors realisierbar wäre. Hierzu muß angemerkt werden, daß das RLM nicht vorgab, für welche Zwecke das Flugzeug eingesetzt werden sollte. Man kann davon ausgehen, daß das RLM zu diesem Zeitpunkt nur über reine Versuchsflugzeuge nachdachte.

Da man erwartete, daß der BMW-Motor zuerst verfügbar sein würde, entschied sich das Messerschmitt-Team für dessen Verwendung. Die Gründe des von Dr. Waldemar Voigt geführten Messerschmitt-Teams waren simpel - sie wollten dieses Jagdflugzeug schnellstmöglich produzieren. Die ersten Informationen über den TL-Strahltriebwerkmotor erhielt Messerschmitt im Jahr 1937. Bereits im Oktober 1937 wurde diskutiert, welche Vorteile ein zweimotoriger Düsenjäger gegenüber einem einmotorigen hat.

Da man von den Strahlturbinen nur geringe Antriebskraft erwartete, sahen die frühen Konstruktionen zwei Motoren vor, um genügend Schubkraft zu entwickeln. Messerschmitt und Voigt hielten diese Lösung im Hinblick auf ein „richtiges" Jagdflugzeug für unzureichend und verwarfen das Konzept zu Gunsten einer von nur einem BMW-P.3302-

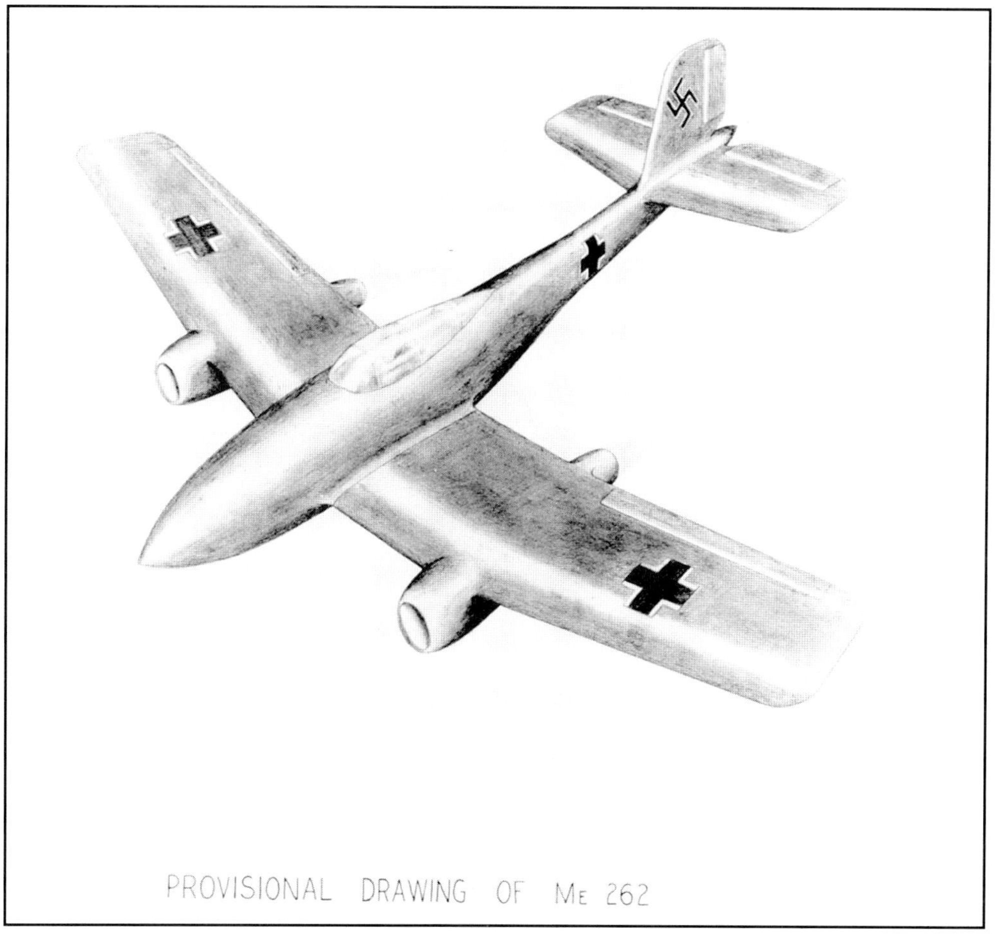

Diese Zeichnung von 1943 zeigt, wie sich die Amerikaner die Me 262 vorstellten. Die Darstellung ist erstaunlich zutreffend, beruhte sie doch nur auf minimalen Informationen seitens der Geheimdienste. (Sammlung des Air Force Museums)

Motor getriebenen Konstruktion (später in 109-003 oder BMW 003 umbenannt)

Wie bei den meisten Nachkriegs-Konstruktionen (F-84, MiG 15, etc.), wurde auch bei diesem Bautyp die Luftzufuhr im weiten Bugraum untergebracht, der Auspuff lag im Heck. Der entscheidende Nachteil bestand in dem hierfür notwendigen Zusatzvolumen des Rumpfes, das es schwer machte, die Maschine auszubalancieren. Man befürchtete, daß das daraus resultierende Gesamtgewicht zu hoch sein würde und die vergrößerte Auftriebsfläche eine Verringerung des Gesamtladedrucks bewirken könnte.

Zur Beseitigung dieser Probleme versuchte Messerschmitt ein Doppelrumpfflugzeug zu entwickeln, das auffällige Ähnlichkeiten zur britischen de Havilland Vampire aufwies. Durch die Unterbringung des Motors im kurzen Mittelrumpf konnten viele der ursprünglichen Probleme beseitigt werden. Doch dieses Flugzeug war in aerodynamischer Hinsicht nicht optimal, da die große Auftriebsfläche zu einem beachtlichen Strömungswiderstand und einer Begrenzung der Maximalgeschwindigkeit geführt hätte.

Statt des Doppelrumpfes entschied man sich für einen Einfachrumpf mit zusätzlichem Triebwerksgehäuse, vergleichbar mit den nach dem Krieg gebauten Bell X-5 oder Yak-17. Der Sitz des Piloten und die Armaturen wurden oberhalb des Motors untergebracht und von einem Rumpf ummantelt, der sich nach hinten stark verjüngt. Unüblich – zumindest für diese Zeit – war das dreirädrige Fahrgestell. Die Konstruktion wurde jedoch aufgrund der Landevorrichtung verworfen, da es wegen der Formgebung keine Möglichkeit gab, die dreirädrige Variante während des Fluges einzuziehen. Alle in Betracht gezogenen Vorschläge waren außergewöhnlich kompliziert und hätten grundlegende Veränderungen an der Motorinstallation oder dem Übergang zwischen Rumpf und Flügel erfordert. Das Hinterrad konnte nicht übernommen werden, weil dort der Auspuff lag.

Nachdem man die Pläne für ein einmotoriges Jagdflugzeug aus guten Gründen verworfen hatte, wendeten sich Messerschmitt und Voigt wieder der ursprünglichen Idee einer doppelmotorigen Konstruktion zu. Andererseits zweifelten sie noch immer an dieser Lösung, da sie glaubten, daß ein zweimotoriges Flugzeug Gewicht und Volumen so-

Daß die Schwalbe eine extrem geradlinige Konstruktion aufwies, verdeutlicht diese Me 262A-1a (Werk-Nr. 111711), die am 12. September 1945 bei Testflügen in Wright Field aufgenommen wurde. Die Farbe des Flugzeugs war entfernt worden, seltsamerweise wurde die deutsche Kennzeichnung jedoch wieder angebracht. (Sammlung des Air Force Museums)

weit erhöhen würde, daß es als Jagdflugzeug untauglich würde. Gleichzeitig bemerkten sie allerdings, daß die begrenzte Antriebskraft der ersten Strahltriebwerke die Verwendung von zwei Motoren zwingend voraussetzte, um das notwendige Verhältnis von Schubleistung und Gewicht sicherzustellen. Außerdem vereinfachte der zweimotorige Aufbau die Konstruktion des Fahrwerks.

Zu den Hauptaufgaben der Planung gehörte es, die Konstruktion möglichst einfach zu halten. Zum einen war dem Flugzeug eine Pionierrolle für die neuartige Motorkonstruktion zugedacht, weshalb Messerschmitt daran gelegen war, zusätzliche potentielle Probleme auf ein Minimum zu reduzieren. Solche Überlegungen sind nicht unüblich – auch die konventionelle Bauweise der amerikanischen Bell P-59A beruht darauf. Zum anderen war absehbar, daß Deutschland schon bald im Kriegszustand stehen würde, was eine Konstruktion erforderlich machte, deren Produktion und Wartung möglichst einfach war.

Dieses Bild von Ende 1944 traf das Original schon wesentlich genauer, da die Alliierten mehrere Me 262 auf Schußkamerafilm erfaßt hatten. (Sammlung des Air Force Museums)

Bei der ersten zweimotorigen Messerschmitt-Konstruktion waren die Motoren nahe der Flügelmitte angebracht. Als jedoch bekannt wurde, welche Abmessungen und welches Gewicht die BMW-Motoren haben würden, erwies sich diese Lösung als unbrauchbar. Schon bald entstanden zwei neue Varianten für eine zweimotorige Maschine. In beiden Fällen handelte es sich um Ganzmetall-Eindecker, bei denen jeder Motor etwa eine Viertelspannweite vom Rumpf unter dem Flügel lag. Beide Varianten unterschieden sich in der Anbringung der Flügel. Die Mitteldecker-Konstruktion war aus aerodynamischer Sicht durchaus vorteilhaft, benötigte jedoch einen aufwendigen Einfahrmechanismus für das Fahrgestell. Außerdem erkannte Messerschmitt, daß diese Konstruktion untragbare Produktionskosten verursachen würde und Reparaturen während des Einsatzes zumindest schwierig sein würden. Bei der zweiten Konstruktion handelte es sich um einen Tiefdecker, was die Fahrwerkkonstruktion stark vereinfachte.

Am 7. Juni 1939 legten Messerschmitt und Heinkel ihre Entwürfe dem Reichsluftfahrtministerium vor. Die He 280 war in mehrfacher Hinsicht revolutionär, so etwa hinsichtlich des Druckluft-Schleudersitzes (die erste derartige Konstruktion überhaupt) und des druckdichten Cockpits. Durch das voll einziehbare dreirädrige Landefahrwerk konnte die Maschine in horizontaler Achse rollen; die beiden He S8A Turbodüsen strahlten direkt parallel zum Boden. Insgesamt war es eine elegante, wenn auch schwergewichtige Konstruktion, von der man keine spektakulären Leistungen erwartete.

Im Messerschmitt-Projekt 1065 wurde ein von zwei BMW 003 Motoren angetriebener Ganzmetall-Tiefdecker als freitragender Eindecker skizziert. Das Flugzeug war 9,3 m lang, hatte eine Spannweite von 9,4 m und eine Höhe von 2,8 m. Das maximale Fluggewicht betrug 4.320 kg, das Landegewicht 3.200 kg.

Man errechnete eine Fluggeschwindigkeit von 900 km/h bei 3000 Metern Flughöhe. Die Haupträder wurden in den Flügel eingezogen, während das Heckrad im Rumpf verschwand. Um das aerodynamische Verhalten der nur unvollständig eingezogenen Haupträder zu verbessern, wurde der Querschnitt des Rumpfes dreieckig angelegt, so daß er die Räder aufnehmen konnte.

Die dreieckige Form des Rumpfes bot auch ein gutes Sichtfeld aus dem Cockpit. Zudem wurde die Kraftwirkung zwischen Rumpf und Flügeln minimiert. Der Flügel lief durch den geräumigen Boden des Rumpfes und war eine Ganzmetall-Konstruktion mit einem einreihigen Innenholm. Die Motoren waren teilweise in die Flügel eingelassen und die Vorderkante der äußeren Flügelstreben ein wenig zurückversetzt. Die Querruder waren extrem weit außen angebracht.

Kurz bevor diese Vorschläge an das RLM weitergeleitet wurden, nahm das Messerschmitt-Team zwei kritische Veränderungen an der P.1065 vor. Erstens wurde die Dauerschwingfestigkeit von 30 auf 60 Minuten erhöht, zweitens wurde die Bewaffnung auf vier 30-mm-Kanonen und Vorrichtungen für zwei weitere Geschütze erweitert. Voigt und seine Mitarbeiter gingen davon aus, diese Veränderungen wären für das RLM attraktiver, da sie mehr einem Jagdflugzeug entsprachen. Zwar wurde ausreichend Platz für einen Schleudersitz gelassen, doch investierte man nur wenig Entwicklungsarbeit bezüglich seiner Integration.

Nachdem man die Entwürfe ausgewertet hatte, erklärte das RLM Messerschmitt zum Sieger dieses Wettbewerbs. Obwohl die Firma nun den begehrten Vertrag zur Fortsetzung ihrer Entwicklungsarbeit erhielt, betrachtete das RLM beide Entwürfe als so vielversprechend, daß auch der Heinkel-Konstruktion weitere Unterstützung zugesagt wurde. Am 2. April 1941 sollte die He 280 als erste der beiden Konstruktionen den Flugbetrieb aufnehmen können. Ironischerweise stellte die He 280 mit 780 km/h genau an jenem Tag einen neuen Weltrekord auf, als der Jungfernflug der von einem unterdimensionierten Kolbenmotor angetriebenen Me 262 stattfand.

Am Rande ist zu bemerken, daß der erste Flug eines deutschen Düsenflugzeugs bereits zwei Jahre zuvor stattgefunden hatte. Am 27. August 1939, nur zwei Tage vor Ausbruch des 2. Weltkrieges, startete Flugkapitän Erich Warsitz auf dem Flugplatz

Die Überreste von mindestens neun Me 262 in der Montagehalle von Obertraubling. Das einzige identifizierbare Flugzeug ist die Werk-Nr. 500488, das vor dem Betrachter auf dem Boden liegt. (Sammlung des Air Force Museums)

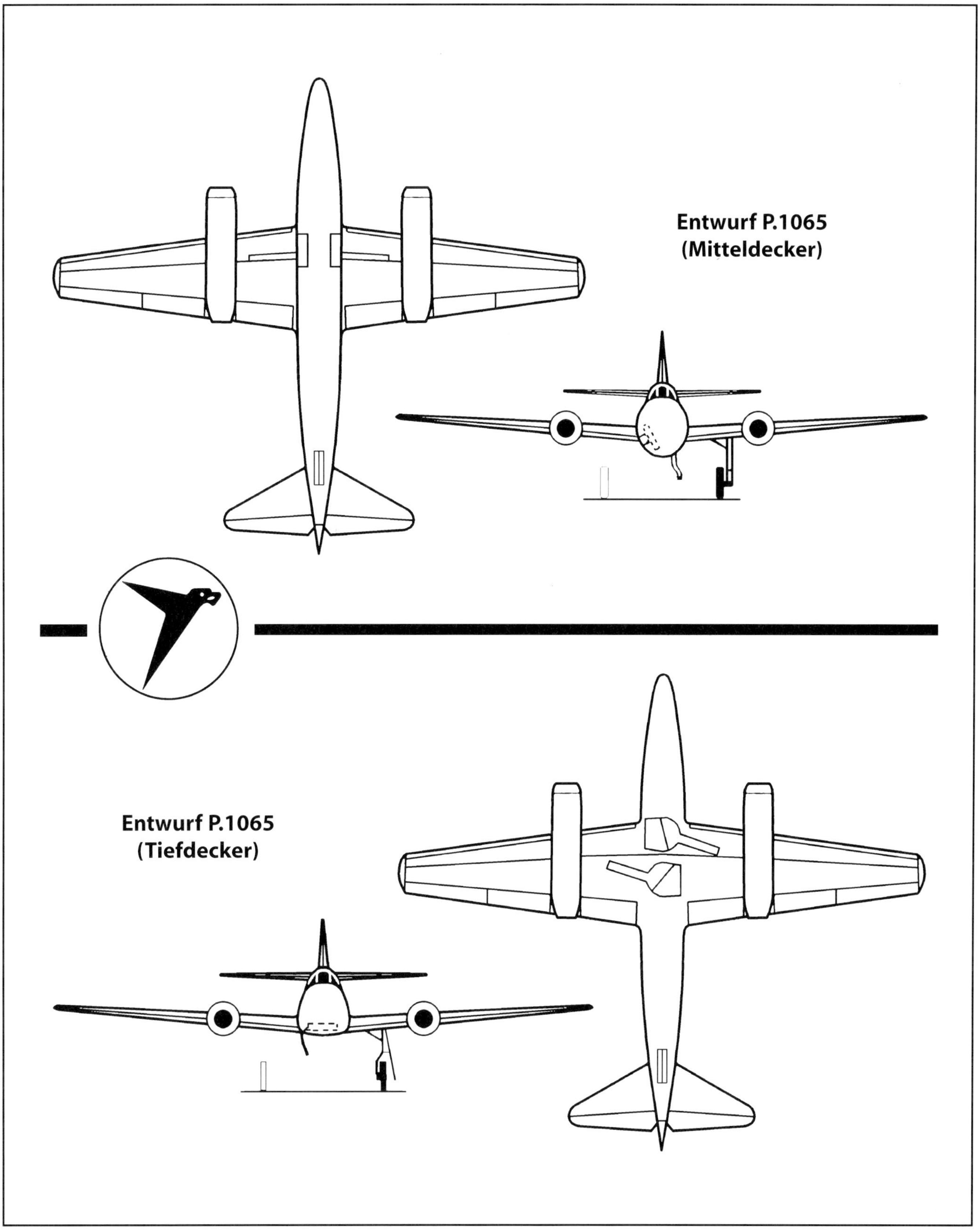

Die beiden Entwürfe für die P.1065. Bemerkenswert ist das asymmetrisch untergebrachte Fahrgestell. Zu diesem Zeitpunkt der Entwicklung waren die Maschinen im ersten Viertel der Flügel angebracht. Diese Entwürfe haben nur wenig Ähnlichkeit mit der tatsächlich realisierten Bauform.

Rostock-Marienehe erstmals eine Testversion der He 178 mit einem He-S3B-Turbostrahltriebwerk (Schubleistung: 500 kp). Die kleine Maschine war für militärische Zwecke ungeeignet, diente Heinkel jedoch als Prüfstand.

Nach der Annahme des P.1065-Entwurfs durch das RLM versuchten die Messerschmitt-Konstrukteure ihre Entwicklung zu optimieren. Am 9. November 1939 erhielten sie die Zustimmung für eine leicht modifizierte Konstruktion. Man fuhr mit dem Bau mehrerer Modelle dieser Konstruktion fort, und nachdem das RLM mehrere dieser Testversionen untersucht hatte, erhielt Messerschmitt am 1. März 1940 den Auftrag, vier Modelle des neuen Flugzeugs zu bauen (die meisten Quellen berichten von lediglich drei Flugzeugen, da nur drei für Flugtests vorgesehen waren, während die vierte Maschine ausschließlich für statische Untersuchungen benutzt wurde). Diese Neukonstruktion sollte als Me 262 bekannt werden.

Am 15. Mai 1940 wurde dem RLM eine weitere Konstruktion übermittelt, die zwei wesentliche Veränderungen enthielt, welche sie letztlich zum direkten Vorläufer der Me 262 machen. Bei den ersten Versuchen auf dem Prüfstand betrug die Schubkraft lediglich 260 kp, so daß sich BMW zur Umgestaltung der Triebwerke gezwungen sah. Im April 1940 mußte BMW schließlich eingestehen, daß die Strahltriebwerke deutlich größer und schwerer ausfallen würden, als man ursprünglich gedacht hatte. Hierdurch sah sich das Messerschmitt-Team mit einem ernsthaften Schwerpunktproblem konfrontiert. Da man die Konstruktionspläne des Flugzeugs als zu weit fort geschritten betrachtete, um noch wesentliche Veränderungen vornehmen zu können, entwickelten die Messerschmitt-Ingenieure eine aus ihrer Sicht mangelhafte Lösung des Problems: Sie winkelten die Flügel an, um sowohl den Schwerpunkt als auch das Druckzentrum weiter nach hinten zu verlagern. Diese Lösung war weniger aufwendig als eine Neukonstruktion des gesamten Rumpfes, sorgte aber dafür, daß die Me 262 im schallnahen Geschwindigkeitsbereich als besonders instabil gilt.

Eine mit 50 mm Kanonen ausgerüstete Me 262, aufgenommen im französischen Melun am 3. Mai 1945. Bei dem umgebauten Bugfahrgestell wurde das Bugrad flach weggedreht, so daß die Waffe freie Schußbahn hatte. (Sammlung des Air Force Museums)

Die zweite wesentliche Veränderung betraf die Plazierung der Motoren selbst. Bei der ursprünglichen Version der P.1065 wurden die Motoren in die Flügel versenkt – ganz ähnlich der späteren britischen Gloster Meteor – was die Konstruktion der Flügelstruktur wesentlich erschwerte. Nach Überarbeitung des BMW-Motors war der Durchmesser der Turbodüse jedoch zu groß, um in den Flügeln untergebracht zu werden. Wieder entschieden sich die Messerschmitt-Ingenieure für die einfachste Lösung – statt ihre Position innerhalb der Flügel zu verändern, verlegten sie die Motoren unter die Flügel. Mit dieser Anbringung blieb die Flügeloberfläche durch den Motorrumpf unbehindert, während die Unterfläche auf gleicher Höhe mit der Rumpfunterseite lag. Hierdurch wurde die Aerodynamik deutlich verbessert und die Auftriebsfläche geringfügig vergrößert. Zudem wurde der Rumpf nach oben verlagert, um den Abstand der Motorenrümpfe zu vergrößern und somit die Gefahr von Strömungsabrissen zu verringern. Diese Anordnung war nicht nur leichter und kostengünstiger als das Versenken in die Flügel, sie trug auch zur Verringerung des gesamten aerodynamischen Widerstands bei.

Dies war die Geburtsstunde der „revolutionären" Me 262, von der die Alliierten Streitkräfte in den letzten Tagen des Krieges so fasziniert waren. Die aufgrund unvorhergesehener Ereignisse eingegangenen Kompromisse wirkten sich zusammen so vorteilhaft aus, daß daraus das schnellste Kampfflugzeug seiner Zeit entstand. Die Jugend der Schwalbe sollte allerdings recht turbulent verlaufen.

Eine nicht identifizierte Me 262 bei einer Ausstellung auf dem Flugplatz Patterson im Jahr 1949. Im Hintergrund ist eine V-1-Bombe plaziert. (Sammlung des Air Force Museums)

2 FLIEGEN LERNEN

KONSTRUKTION UND WIRKLICHKEIT

Ursprünglich ging man davon aus, daß die Modifikation der BMW-Motoren das Projekt nicht behindern würde, da man erwartete, in Kürze über die Jumo-Motoren zu verfügen. Als die Jumo-Motoren dann aber im November 1940 auf dem Prüfstand liefen, war eindeutig abzusehen, daß sie ebensowenig zu einem nahegelegenen Zeitpunkt für Flugtests bereit stehen würden. Im Februar 1941 wurde die Entscheidung getroffen, bei der Fertigstellung der beiden Prototypen der Me 262 statt der Düsenmotoren zwei Walter (HWK) R II-203b Raketentriebwerke mit einer Schubleistung von 750 kp einzusetzen. Bei diesen Triebwerken ergaben sich jedoch ebenfalls Konstruktionsschwierigkeiten, so daß die Idee schon bald verworfen wurde.

Als Übergangslösung wurde der erste Prototyp (Werk-Nr. 262 000001, PC+UA) mit einem flüssigkeitsgekühlten 750 PS Zwölfzylindermotor vom Typ Jumo 210Ga ausgestattet, der im vorderen Waffenschacht montiert und mit einem zweiblättrigen Holzpropeller versehen wurde. So konnten in begrenztem Umfang aerodynamische Testläufe der vollständigen Flugwerke unternommen werden, während die Lieferung der Düsenmotoren noch ausstand. Der Bau der **Me 262V1** wurde im Januar 1941 im Messerschmitt-Werk in Augsburg-Haunstetter unter der Leitung von Moritz Asam aufgenommen. Erste Flugtests mußten ohne die Turbodüsenrümpfe unter den Flügeln ausgeführt werden, wogegen sie bei späteren Flügen angebracht wurden, um ihre Auswirkungen auf die Aerodynamik auszuwerten.

Erste Rolltests wurden am 17. April 1941 in Augsburg durchgeführt. Am darauf folgenden Tag erzielte Messerschmitts Obertestpilot Kapitän Fritz Wendel in der Me 262V1 eine Geschwindigkeit von 420 km/h. Bedingt durch die auf Hochgeschwindigkeitsflüge ausgerichteten Flügel und die vergleichsweise geringe Beschleunigung des Kolbenmotors benötigte Wendel für den Aufstieg jeden Meter der Augsburger Rollbahn. Während des 18 Minuten langen Fluges erwies sich die Maschine im Bereich niedriger Geschwindigkeiten als durchaus zufriedenstellend, obwohl bei Geschwindigkeiten oberhalb 540 km/h ein leichtes Rütteln und Vibrieren des Höhenruders bemängelt wurden. Gegenüber der leichteren Bf 109 erzielte die Me 262 V1 eine geringfügig höhere Geschwindigkeit, obwohl sie mit demselben relativ leistungsschwachen Kolbenmotor ausgestattet war. Messerschmitt sah sich darin bestätigt, daß die Grundkonstruktion der Me 262 in Hinblick auf die Aerodynamik effizienter sei als alle anderen damaligen deutschen Jagdflugzeuge.

Der erste Prototyp (Werk-Nr. 262 000001) mit einem bugmontierten Jumo 210Ga Kolbenmotor, doch ohne Turbinenrümpfe unter den Flügeln. Das Gebäude im Hintergrund gehört zum Flugtestzentrum der Messerschmittwerke im Lager Lechfeld. (Sammlung des Air Force Museums)

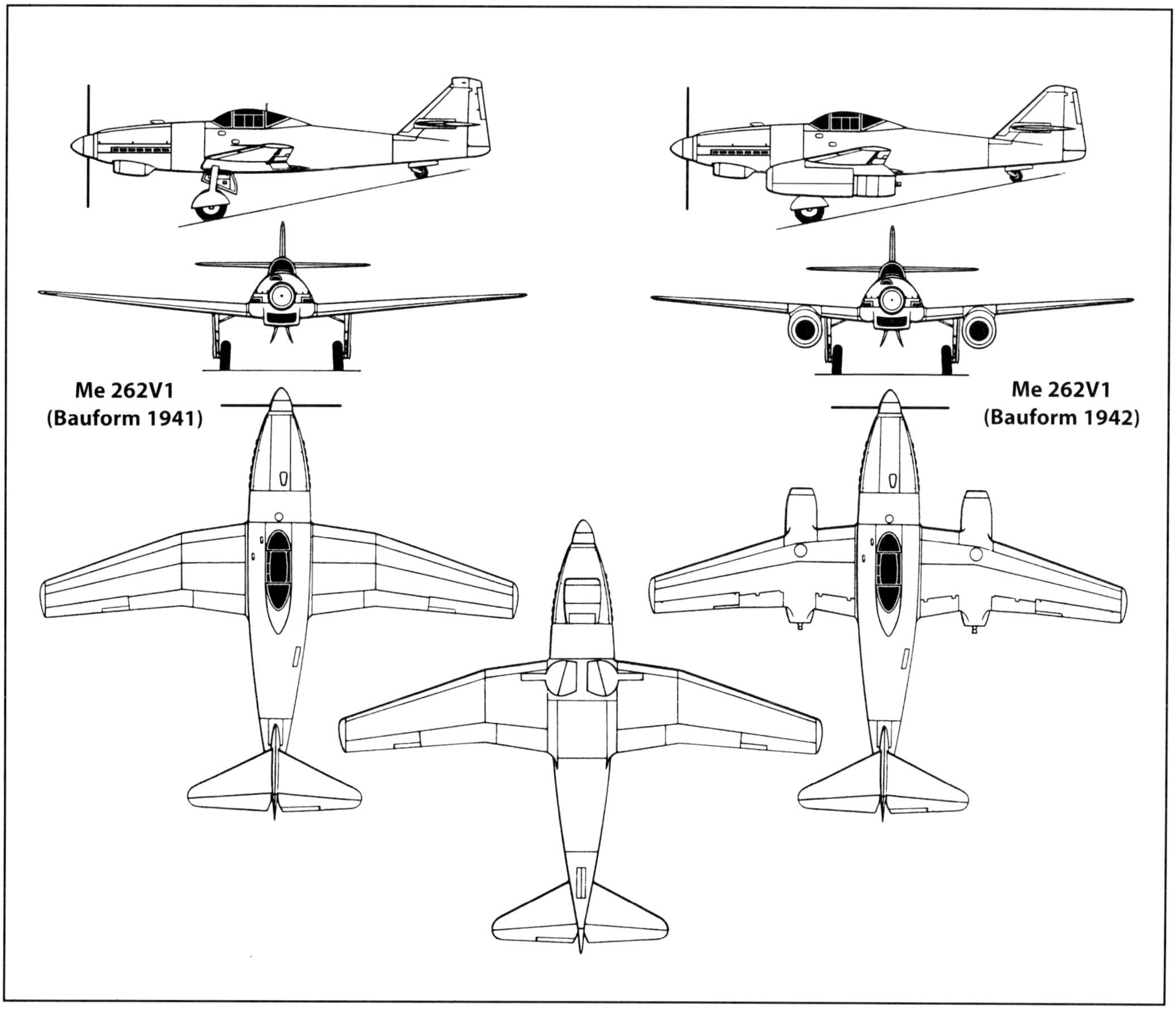

Der erste Prototyp flog sowohl mit, als auch ohne die unter den Flügeln montierten Turbinengondeln. Man beachte das weit vorne plazierte Hauptfahrgestell, das bei allen Prototypen dieser Bauform beibehalten wurde. Ohne die Turbinengondeln und den Übergang zwischen Vorderkante und Flügel würde man kaum vermuten, daß es sich hier um ein Pfeilflugzeug handelt. Beachtenswert ist außerdem die geringfügig weiterentwickelte Seitenflosse. Man vergleiche diese mit den Seitenflossen der Flugzeuge aus der Serienproduktion. (Dennis R. Jenkins)

Insgesamt sollten 23 Flüge allein mit Antrieb des Jumo 210 Ga-Motors durchgeführt werden, wovon der letzte am 8. Mai 1941 stattfand. Im November 1941 kamen schließlich einige vorab produzierte Motoren vom Typ BMW 003 in Augsburg an, deren Tests jeweils enttäuschende 460 kp ergaben. Im Februar 1942 wurde daran gearbeitet, sie im Rumpf der PC+UA unterzubringen und einige Standtests am Boden durchzuführen. Schließlich wurde der Prototyp für Flugtests freigegeben und am 25. März 1942 fand der erste Flug der Me 262 mit Düsenantrieb statt. Zu diesem Zeitpunkt wurde noch immer zusätzlich der Jumo Kolbenmotor eingebaut.

Kurz nach dem Abheben brannte erst die eine, dann auch die zweite Düse aus, obwohl Wendel lediglich eine Höhe von 165 Fuß erreicht hatte. Aufgrund des erhöhten aerodynamischen Widerstands und des zusätzlichen Gewichts der beiden Turbodüsen konnte die Me 262V1 allein mit dem Antrieb des Jumo 210Ga kaum aufsteigen, dennoch gelang es Wendel einen Rundflug über den Flugplatz zu vollenden und sicher zu landen. Sofort wurden die Motoren durch das BMW-Personal ausgewechselt und man fand heraus, daß die Kompressorschaufeln in beiden Maschinen defekt waren. Diese Panne trat unvorhergesehen ein, da die Motoren im

18. Juli 1942. Der dritte Me 262 Prototyp startet erstmals mit Düsenantrieb. Pilot Franz Werfel war unsicher, ob das Heck vom Boden abheben würde, doch sein Trick - ein kurzer Tritt auf die Bremse - zeigte Wirkung. (Sammlung des Air Force Museums)

Prüfstand in Berlin-Schönefeld bereits mit höherer Ladung gelaufen waren.

Deshalb wurde nachträglich beschlossen, den BMW 003 komplett neu zu konstruieren. Man rechnete nicht damit, daß das umgebaute BMW 003A Triebwerk mit größerem Massenstrom und höherer Schubkraft vor Oktober 1943 flugbereit sein würde, als es im Prüfstand einer Ju 88A zum Einsatz kam. Weitere Untersuchungen ergaben, daß es auch dann Probleme gegeben hätte, wenn die Motoren nicht ausgefallen wären, weil der Propeller vor den Einströmungsöffnungen einen Luftstrom erzeugte. Dies könnte ebenfalls zum Ausfall der Kompressorschaufeln geführt haben.

In der Zwischenzeit hatte Jumo die meisten Probleme des Motors erfolgreich gelöst. Die Konstruktion der Me 262 wurde modifiziert, um die Jumo 004 Turbodüsen unterbringen zu können, die Ende 1941 einen zehnstündigen Bodentest erfolgreich abgeschlossen hatten und 660 kp erzeugten. Doch das RLM wies Jumo im Sommer 1941 an, die 004A noch einmal umzuarbeiten, um die Verwendung „rationierter Materialien", insbesondere von Nickel und Chrom, möglichst gering zu halten. Aufbau und Ausmaße des neuen 004B-Motors sollten unverändert bleiben, die technische Konstruktion jedoch radikal verändert werden – sehr zu ihrem Nachteil.

Der zweite und dritte Prototyp der Me 262 Flugwerke sollten die ersten sein, die für die Jumo-Motoren umgearbeitet wurden, welche etwas größer und schwerer als die BMW-Einheiten waren. Um die neuen Motoren unterzubringen, wurde der Rumpf um 10 Prozent im Durchmesser und 16 Prozent in der Länge vergrößert. Durch die Umformung des Rumpfs war eine Vergrößerung der vertikalen Stabilisatoren erforderlich.

Vor allem um die Zerstörung der Maschinen durch feindliche Angriffe zu vermeiden, benötigte man eine befestigte Startbahn, weshalb der erste düsengetriebene Flug in Leipheim stattfand, wo auch alle zukünftigen Tests der Me 262 durchgeführt werden sollten. Wie auch in Augsburg, war das Rollfeld in der Nähe von Leipheim 1100 Meter lang, verfügte jedoch über eine Asphaltdecke. Der dritte Prototyp, die **Me 262V3** (Werk-Nr. 262 000003, PC+UC), war die erste Me 262, die ausschließlich mit Düsenantrieb flog. Sie startete am 18. Juli 1942 von Leipheim aus mit zwei vorab produzierten Jumo 004A-0-Motoren. Jeder dieser Motoren lieferte eine Schubkraft von 840 kp. Mit einem Startgewicht von rund 5000 kg sollte die Me 262 180 km/h erzielen.

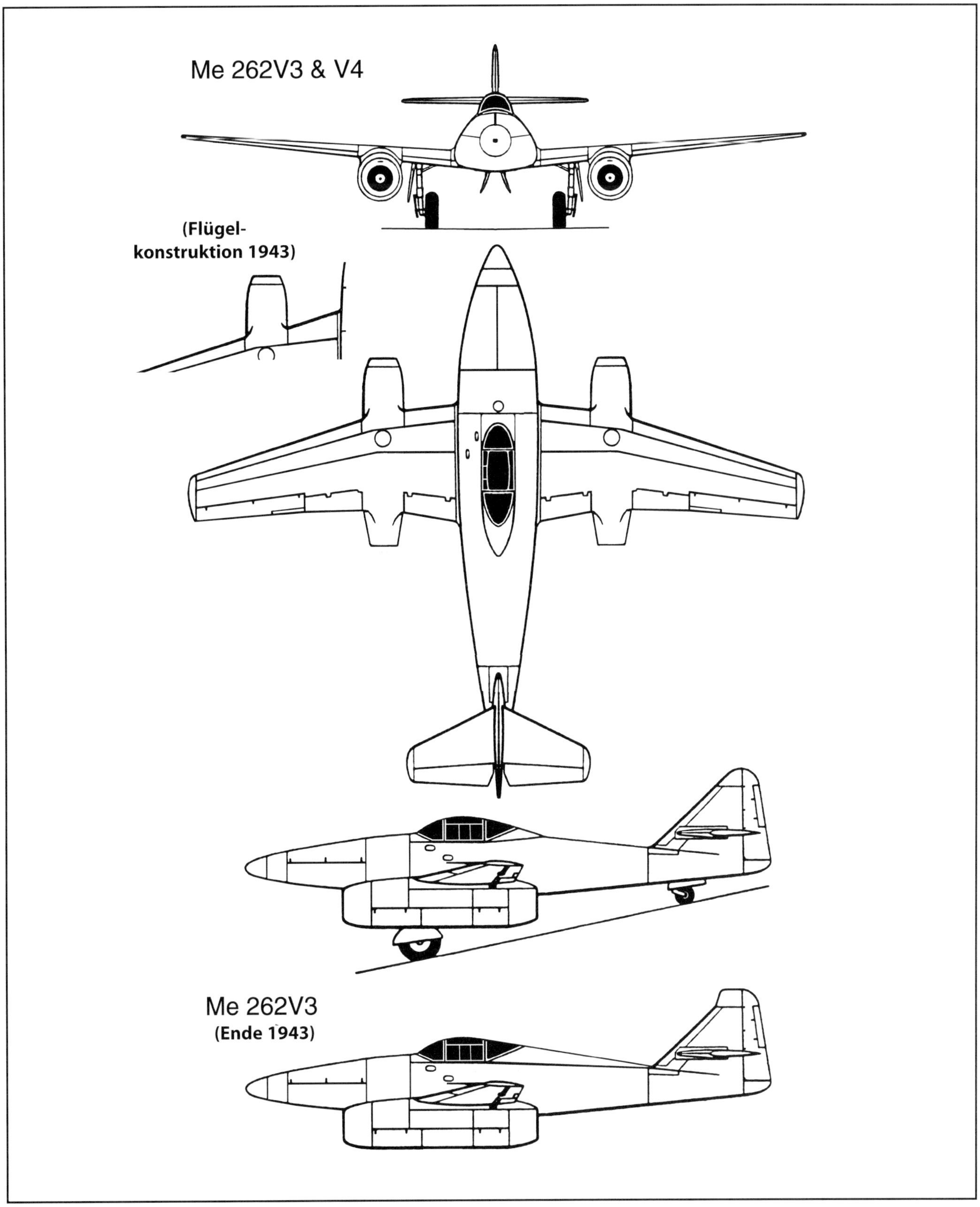

Die V3 und V4 waren während der meisten Zeit ihres Werdegangs baugleich. Zu beachten ist, daß im Unterschied zu den in Serie gebauten Maschinen keine Massensysmmetriereinrichtung vorhanden ist. Die V3 erhielt bei einem Umbau Ende 1943 eine stromlinienförmigere Kabine und geringfügig veränderte Seitenflossen. Obwohl dies den Luftwiderstand etwas verringert hätte, wurden diese Umbauten bei der Produktion nicht übernommen. (Dennis R. Jenkins)

Der dritte Prototyp beim Auftanken zwischen den beiden Flügen vom 18. Juli 1942. Bemerkenswert ist die Abdeckung des Einfüllstutzens. Die Klappe am Hinterrumpf ermöglicht den Zugriff auf das Steuergestänge. Farbe und Hoheitszeichen sind ganz typisch für die ersten Prototypen. (Sammlung des Air Force Museums)

Während der am Vormittag durchgeführten Hochgeschwindigkeitstests auf der Rollbahn berichtete Wendel, daß die Höhenruder bei der errechneten Abhebegeschwindigkeit von 180 km/h nicht funktionierten, so daß er den hinteren Rumpf nicht in die Luft bekommen konnte. Zufällig war der Aerodynamiker Carl Zeiler als Beobachter auf dem Flugplatz. Er schlug vor, den Bug des Flugzeugs durch einen Tritt auf die Bremse bei 180 km/h nach vorn kippen zu lassen, um den Luftstrom auf die Höhenruder zu leiten. Der Trick funktionierte. Um 8.40 Uhr startete das Flugzeug zu einem zwölfminütigen Flug und erreichte dabei eine Höhe von 6000 Fuß bei einer Geschwindigkeit von 600 km/h.

Fünf Minuten nach Mittag unternahm Wendel einen zweiten Flug mit der PC+UC, um die Flugeigenschaften der Maschine zu erkunden. Dieser Flug dauerte 13 Minuten und er erreichte eine Höhe von 11.000 Fuß bei 725 km/h. Dabei wurden verschiedene Manöver durchgeführt, bei denen kleinere Probleme auftraten, was aber für jedes neue Flugzeug normal ist – ganz besonders für eine so revolutionäre Maschine wie die Me 262. Eines der Probleme lag darin, daß in Querlage der Luftstrom zu früh im Mittelbereich der Flügel abriß. Deshalb wurde nach dem Flug entschieden, zwischen dem Rumpf und der Turbinengondel einen kleinen Übergang einzubauen. So wurde die Vorderkante sanft über den Mitteltrakt geführt.

Der überarbeitete Flügel sollte erstmals im Januar 1943 an der Me 262V2 erprobt werden. Er wurde nachträglich an alle früheren Prototypen montiert, mit Ausnahme der V1.

Die ersten sechs Flüge der Me 262V3 führte Wendel durch, der allmählich Vertrauen in das Flugzeug gewann. Es wurde entschieden, daß ein offizieller Vertreter der Erprobungsstelle Rechlin (eine Testpilotenschule) einen Testflug mit dem neuen Flugzeug durchführen sollte.

Zu diesem Zweck unternahm Henrich Beauvais am 11. August 1942 einen siebten Flug, der jedoch nicht exakt nach Plan verlief. Obwohl Wendel ihn vorgewarnt hatte, bekam Beauvais die PC+UA nicht früh genug in die Luft, worauf der linke Flügel einen Misthaufen auf einem Feld am Ende der Rollbahn streifte. Das Flugzeug überschlug sich und wurde stark beschädigt. Beauvais kam aber ohne ernsthafte Verletzungen davon.

Die anschließende Untersuchung des Unfalls ergab, daß die Leistung

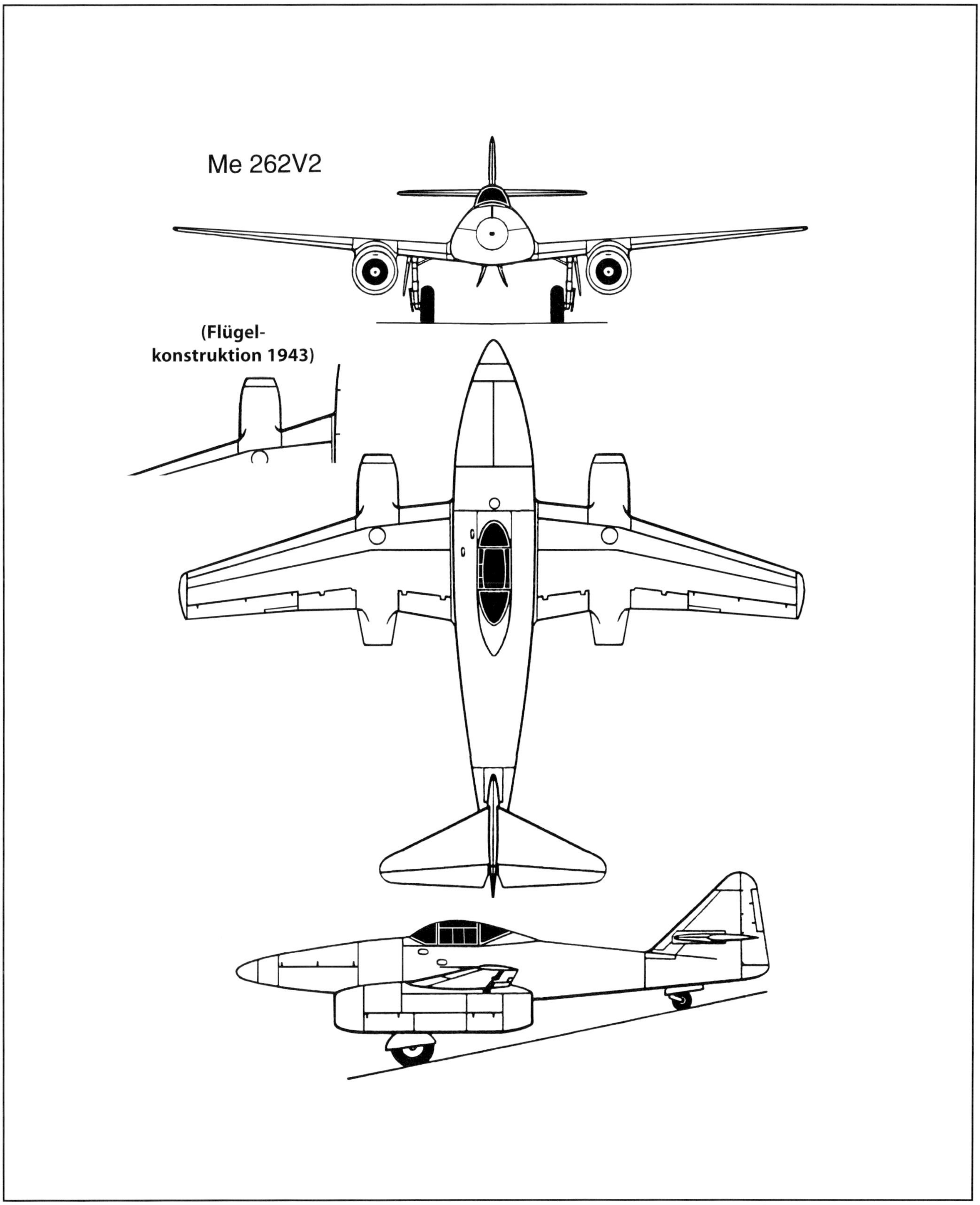

Die ersten fünf Prototypen hatten andere Kabinendächer als die Serienmaschinen. Man beachte die vordere Rundsichtverglasung und die gerahmten Seitenfenster. Während des Testprogramms wurde an der Vorderkante des Innenflügels ein Übergang installiert, woraus sich die heute bekannte Form entwickelte. Man vergleiche die Form des Bugs und der Seitenflosse mit der der Serienflugzeuge. (Dennis R. Jenkins)

Der zweite Prototyp war das dritte Flugzeug, das sich als flugfähig erwies (das zweite mit Düsenantrieb). Das Heckrad-Fahrgestell wurde für untauglich befunden, weil die Flügel die Luftzufuhr der Höhenruder blockierten und kein Propellerdruck vorhanden war, der dies hätte ausgleichen können. Hierdurch war es während des Startlaufs unmöglich, das Heck anzuheben. Das ursprüngliche Kabinendach hatte ein „Fenster" auf der linken Seite, das geöffnet werden konnte, doch unter Druckausgleich ließ es sich schlecht schließen. Man beachte auch die Position des Hauptfahrgestells im Vergleich zu späteren Bugradmodellen. (Sammlung des Air Force Museums)

der Jumo-Triebwerke durch die überhöhte Umgebungstemperatur so stark reduzierte wurde, daß Beauvais den richtigen Zeitpunkt zum Betätigen der Bremse zwangsläufig verpaßt hatte.

Das Flugwerk der **Me 262V2** (Werk-Nr. 262 000002, PC+UB) konnte zwar bereits im Juli 1941 weitgehend fertiggestellt werden, doch sollte es bis zum 1. Oktober 1942 dauern, bis diese dritte Me 262 in den Flugbetrieb gehen konnte. Spätere Flüge wurden hauptsächlich für Leistungs- und Eichtests unternommen. Im Januar 1943 wurde der schmale Verkleidungsübergang, dessen Anbringung man nach dem ersten Me-262-Flug für notwendig hielt, zwischen dem Flugzeugrumpf und den Motorengondeln installiert, um ständige Pfeilung auf die Vorderkante zu produzieren. Zwar konnte durch den größeren Spielraum auch geringfügig mehr Auftriebskraft erzeugt werden, gleichzeitig führte diese Veränderung jedoch zu verstärkten Vibrationen der äußeren Flügelstreben, was die Geschwindigkeit auf 690 km/h herabsetzte. Das Vibrationsproblem konnte später beseitigt werden und alle mit Me 262V5 beginnenden Flugzeuge wurden nach diesem Konzept gebaut.

Während seiner Amtszeit als Jagdflieger-General hatte Ernst Udet wenig Begeisterung für Düsenflugzeuge gezeigt und bei mehreren Anlässen sogar ihre Weiterentwicklung in Frage gestellt. Erhard Milch, der Udets Posten nach dessen Selbstmord im November 1941 übernahm, teilte anfänglich diese Auffassung. Doch Milch konnte den offensichtlichen Erfolg der Me-262-Testflüge nicht länger ignorieren. Unmittelbar nach den ersten Flugtests der Me 262V2 bewilligte er den Bau zweier weiterer Prototypen (womit es insgesamt 5 flugfähige Ausführungen gab) und 15 Vorproduktionen. Dennoch zeigten sich Milch und das RLM wenig entscheidungsfreudig, weil sie die Aufnahme der Serienproduktion für verfrüht hielten. Auch wenn diese Entscheidung nach dem Krieg kritisiert wurde, weil sie die schnelle Weiterentwicklung des Me 262-Programms lähmte, sollte daran erinnert werden, daß bis dahin nur zwei düsengetriebene Prototypen den Flugbetrieb aufgenommen hatten und der Jumo 004A-Serienmotor weit davon entfernt war, ein zuverlässiges Triebwerk für Kampfflugzeuge darzustellen. Dennoch entschied die Luftwaffe, die Entwicklung der Me 262 zur Massenproduktion voranzutreiben, wenn der Bedarf dafür bestünde.

Im Januar 1943 sollte ein speziell vorbereiteter Me 262-Rumpf umgedreht unter dem Steuerbordflügel der Me 232S9 befestigt und planmäßig über dem Müritzsee abgeworfen werden, um Informationen über die Flattereigenschaften der Heckoberfläche zu gewinnen. Die Tests waren bereits angelaufen, doch als der Müritzsee am 11. Februar zufror, wurde entschieden, den Rumpf aus einer Höhe von 20.000 Fuß über dem Chiemsee abzuwerfen.

Am 2. März 1943 hob die mit Jumo 004A-0-Motoren ausgerüstete Me 262V1 dann ausschließlich mit Düsenantrieb ab (die dritte Me 262, die dies tat). Zu diesem Zeitpunkt hatte man die Jumo 210Ga bereits aus dem Bug entfernt und durch drei 3 mm MG 151-Kanonen ersetzt. Ferner wurde ein teilweise druckdichtes Cockpit eingefügt. Nach 65 Flugtests wurde die PC+UA am 7. Juli 1944 bei einer Notlandung aufgrund eines Maschinenausfalls stark beschädigt. Man betrachtete das Flugwerk als Totalschaden, es wurde nicht wieder repariert.

Nach den Reparaturen in Folge des Beauvais-Unfalls konnte die Me 262V3 am 20. März 1943 im Lager Lechfeld wieder in den Flugbetrieb gehen. Hauptmann Wolfgang Späte war der erste Luftwaffenpilot, der diesen Flugzeugtyp fliegen sollte. Späte war sehr beeindruckt, auch wenn sein zweiter Flug mit zwei ausgebrannten Triebwerken endete, nachdem er in 9.000 Fuß Höhe einen steilen Kurvenflug unternahm, bei dem die Luftzufuhr der Motoren unterbrochen wurde. Zum Glück konnte Späte die Motoren bei 1.500 Fuß Höhe erneut starten und das Flugzeug sicher landen. Begeistert berichtete Späte dem Oberkommando der Luftwaffe, die Leistungsfähigkeit des neuen Flugzeugs sei ein Meilenstein im Vergleich zu allen existierenden Jagdflugzeugen.

Ende 1943 wurde der Rumpf der Me 262V3 umgebaut und die Verkleidung des Kabinendachs bis zur Seitenflosse vorgezogen, um den Luftwiderstand zu verringern und die Probleme mit der Richtstabilität zu beheben. Diese Umbauten, die an die Konstruktion der Finnwal P-47 erinnern, konnten den Luftwiderstand zwar geringfügig mindern, doch das Richtstabilitätsproblem wurde damit nicht gelöst. Am 12. September 1944 wurde das Flugzeug bei einem Luftangriff der Alliierten zerstört.

Die Me 262V2 hatte insgesamt 48 Flüge absolviert, als sie am 18. April 1943 bei dem ersten folgenschweren Unfall einer Me 262 zerstört wurde. Der Testpilot Wilhelm Ostertag kam ums Leben, als das Flugzeug nach einem Hochgeschwindigkeitssturzflug in der Nähe von Hiltenfingen auf den Boden aufprallte. Der Unfall wurde vermutlich durch den Ausfall der Höhenruder ausgelöst. Dies sollte der Auftakt einer Serie ähnlich schwerer Unfälle werden. Die tatsächlichen Ursachen des Unfalls wurden zwar niemals aufgedeckt, doch mit dem Einbau eines anderen Cockpitschalters sowie eines stärkeren elektrischen Kraftschalters wurde das Problem gelöst.

Eine geborgene Me 262, verziert mit den Insignien der Amerikaner („stars-and-bars"). Das Schicksal dieses Flugzeugs ist unbekannt; so wäre denkbar, daß es nicht in die USA verbracht, sondern verschrottet wurde. (Sammlung des Air Force Museums)

3 Verfrühte Produktion

Die Alliierten steigen ins Spiel ein

Der vierte Prototyp Me 262V4 (Werk-Nr. 262 000004, PC+UD) flog erstmalig am 15. Mai 1943, als Flugkapitän Fritz Wendel die Maschine von Augsburg nach Lechfeld überführte. Auf Grund der eindringlichen Bitte von Wolfgang Späte, der im März den dritten Prototyp geflogen hatte, besuchte Generalleutnant Adolf Galland Lechfeld am 22. Mai 1943, um die Me 262V4 zu fliegen. Galland war beeindruckt, er kehrte nach Berlin zurück und drängte darauf, der baldmöglichsten Produktion der Me 262 hohe Priorität einzuräumen. Der für die Jagdflugzeugproduktion zuständige Erhard Milch teilte Gallands Einschätzung, die Dauerschwingfestigkeit des Flugzeugs sowie die Kapazität der Treibstofftanks müsse deutlich erhöht werden. Dies erhöhte jedoch auch das Startgewicht des Flugzeugs.

Im Hinblick auf die Probleme beim Abheben des Flugzeughecks ordnete die Luftwaffe an, bei den Maschinen aus der Serienproduktion ein Bugrad-Fahrgestell einzubauen. Willy Messerschmitt war mit dieser Forderung nicht zufrieden, da er das Flugzeug lieber ohne Veränderungen gebaut und die Modifikationen in den Produktionsprozeß integriert hätte. Die Luftwaffe zeigte sich jedoch hartnäckig, so daß Messerschmitt Galland gegenüber nachgab.

Bei einem weiteren Produktionstreffen in Berlin am 2. Juni 1943 wurde die Me zur Serienfertigung

Dieses leider sehr unscharfe Foto zeigt die Me 262V10 (V1+AE) mit einer Deichselschlepp-Bombe. Ferner erkennt man unter dem Rumpf in der Nähe der Tragflächenhinterkante zwei Start-Zusatzraketen-Einheiten. Die Prototypen trugen ihre alphanumerische Codierung grundsätzlich auf den Seiten des Rumpfes sowie unter den Flügeln. (Sammlung des Air Force Museums)

Das Ende der Montage im Lager Lechfeld. Im Vordergrund erkennt man die Me 262V9, ganz links die V10. Teile anderer Testmodelle der Me 262 sind überall verstreut. Wie bei den meisten am Ende des Krieges eroberten Maschinen, war auch bei diesen Flugzeugen das Gestänge des Bugfahrgestells zerstört worden. (Sammlung des Air Force Museums)

Die zweite V7 war die Original Werk-Nr. 130303, die in V303 umbenannt wurde. Zu beachten ist die hier gut sichtbare Bombenabwurfvorrichtung. Direkt davor erkennt man die Leitbleche der 30 mm MK 108 Kanonen. In der runden Öffnung der Bugspitze befindet sich die Schußkamera. (Sammlung des Air Force Museums)

freigegeben. Das Produktionsprogramm 223 wurde mit dem Ziel aufgestellt, monatlich 60 Me 262 herzustellen, und Milch wurde über die Produktionspläne für die Me 262 unterrichtet:

„...die Produktion der Flügel und die Endmontage finden in Augsburg statt, Rumpf und Heck werden in Regensburg gefertigt. Wenn wir uns gemeinsam bemühen und bestimmte Voraussetzungen gegeben sind, können wir das erste Flugzeug aus der Serienproduktion im Januar 1944 ausliefern. Die Produktion wird im zweiten Monat auf insgesamt acht Flugzeuge steigen, im dritten auf 21, im April auf 40 und im Mai auf 60. Mitte Mai werden wir die Anzahl von 100 Flugzeugen erreicht haben und die Produktion wird bei 60 Stück pro Monat liegen."

In der Zwischenzeit hatte Messerschmitt alle erdenklichen Anstrengungen unternommen, um die Me 262 weiterzuentwickeln, obwohl ihm nur wenige Testflugzeuge zur Verfügung standen. Die Me 309V3 wurde zur Entwicklung eines Schleudersitzes und eines vollständig druckdichten Cockpits eingesetzt. Dabei muß angemerkt werden, daß beides nicht in die Serienproduktion aufgenommen wurde. Die Bf 109F-1 (Werk-Nr. 5603), die sich zuvor dem Entwicklungsprogramm für die Me 309 zugeteilt war, wurde dazu eingesetzt, eine passende Anordnung für das Bugfahrgestell zu entwickeln.

Die letzen Abnahmeprüfungen wurden an der **Me 262V5** (Werk-Nr. 262 000005, PC+UE) fortgesetzt, die am 26. Juni 1943 erstmals mit einem von einer ME 309 übernommenen starren Bugrad geflogen wurde. Um das Flugzeug korrekt auszubalancieren, wurde das Hauptfahrwerk um etwa einen Meter nach hinten verlegt.

Ein dreirädriges Fahrgestell wurde bereits diskutiert, bevor dem RLM der ursprüngliche Vorschlag über die P.1065 unterbreitet wurde. Messerschmitt und Voigt hatten sich ursprünglich dagegen ausgesprochen, weil sie darin eine weitere radikale Abweichung von der Konstruktion sahen.

Die Luftwaffe bestand jedoch darauf, vor allem wegen des nur kurz zurückliegenden Fluges von Henrich Beauvais mit der PC+UC. Das Bugrad erwies sich jedoch als zu labil, und eine ganze Reihe von Maschinen wurden während der Landung beschädigt. Es reagierte außerdem empfindlich gegen verschiedene Abschlepptechniken am Boden, was zu weiteren Pannen führte. Dieses Problem wurde in mehreren Büchern ausführlich behandelt, da unmittelbar nach dem Krieg zahlreiche Fotos publiziert wurden, die Me 262-Flugzeuge mit zusammengebrochenem Bugfahrgestell zeigen.

Zumeist beruhten die Schäden jedoch auf deutschen Sabotageakten,

Das klarsichtige Kabinendach sorgte für exzellente Sichtverhältnisse in der Me 262. Das Panzerglas mit 90 mm Stärke ersetzte die Vollsichtverglasung aus Plexiglas der ersten Prototypen.(Sammlung von Jay Miller über das Luftfahrtausbildungszentrum)

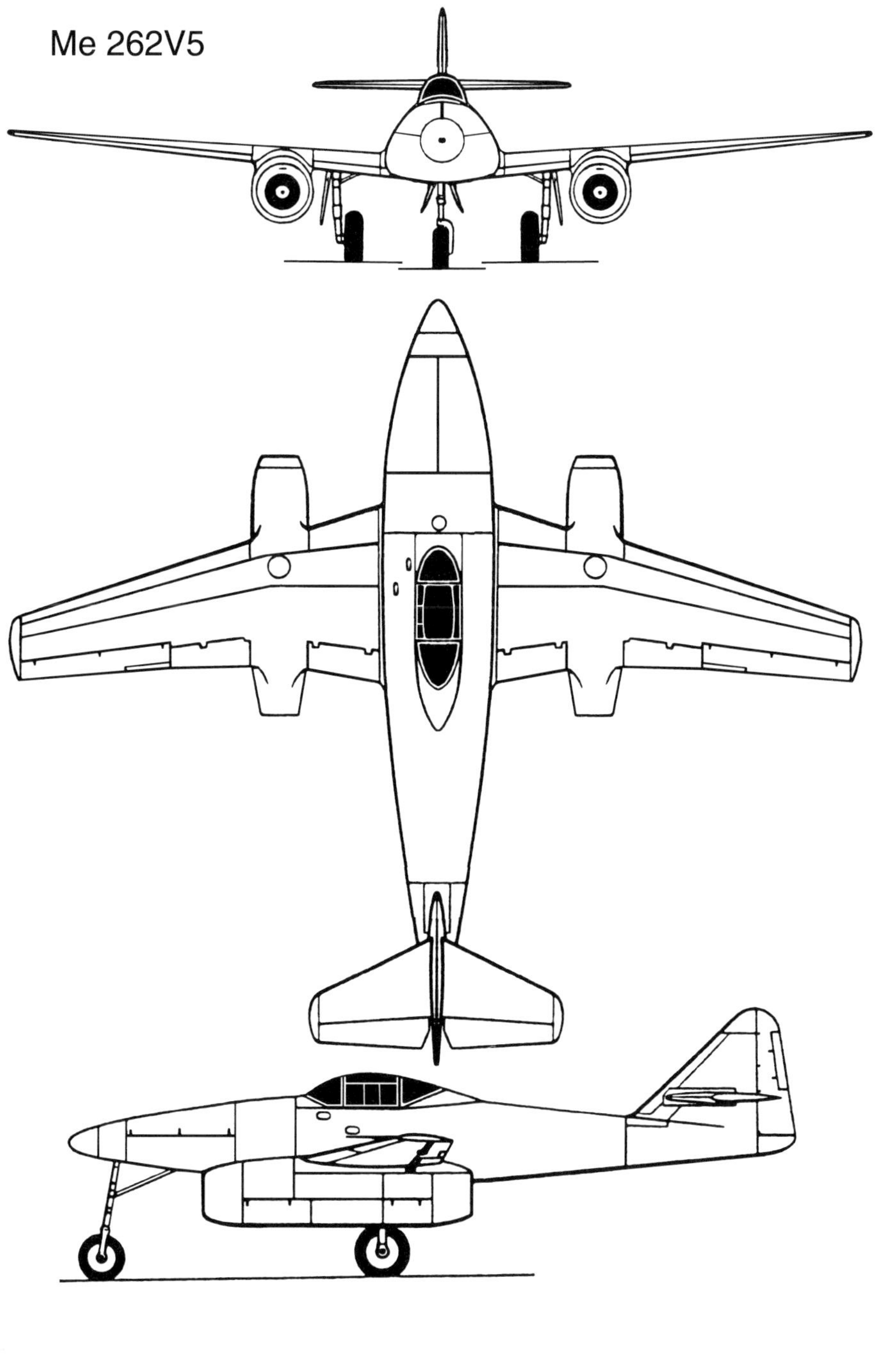

Der fünfte Prototyp war der erste mit einem Bugfahrgestell. Das Bugrad war nicht einziehbar (es finden sich keine Fahrgestellklappen) und die Klappen für das Hauptfahrgestell waren anders angeordnet, als bei den Flugzeugen aus der Serienproduktion. (Dennis R. Jenkins)

die die Alliierten davon abhalten sollten, von den Maschinen Gebrauch zu machen. Um dies zu erreichen, war es gängige Praxis, eine Handgranate an der Bugstrebe zu befestigen.

Auch wenn man die Maschine jetzt während des Starts einfacher kontrollieren konnte und es nicht mehr notwendig war, auf die Bremse zu treten, um das Heck aufsteigen zu lassen, brachten die ersten Tests keine merklichen Verbesserungen hinsichtlich des Startverhaltens. Nachträglich entschied man, diese Maschine für Testzwecke mit zwei zusätzlichen Borsig RI 502 Starthilferaketen auszustatten, die jeweils für sechs Sekunden eine Schubkraft von 500 kp erzeugten. Karl Baur unternahm erste Probeflüge, wobei die Raketen unter dem Rumpf direkt hinter dem Schwerpunkt montiert wurden. Während des ersten Starts zündete Baur die Raketen bei etwa 160 km/h, worauf das Bugrad sofort vom Boden abhob. De Steuerknüppel mußte jedoch ganz durchgedrückt werden, um zu verhindern, daß das Flugzeug abhob, bevor die Geschwindigkeit ausreichte, um es in der Luft zu halten. Bei anschließenden Tests wurde die Schubkraftlinie der Raketen horizontaler ausgerichtet, was einigen Erfolg zeitigte: nun wurde nur noch eine Startbahnlänge von etwa 280 Metern benötigt. Später wurden auch Raketen mit 1000 kp Schubkraft getestet und man fand heraus, daß die Me 262 damit weniger als 400 Meter zum Starten benötigte.

Sommer und Herbst 1943 waren eine schlimme Zeit für die Me 262-Prototypen. Geflogen von Gerd Lindner, wurde die Me 262V4 am 25. Juli 1943 in Rechlin erfolgreich bei Hermann Göring vorgestellt. Doch am darauffolgenden Tag verunglückte die PC+UD auf ihrem 51. Flug von Schkeuditz. Gerd Lindner, der die Maschine flog, kam zwar ohne ernsthafte Verletzungen davon, doch das Flugzeug wurde als Totalverlust betrachtet. Am 4. August 1943 wurde auch die Me 262V5 auf ihrem 74. Flug wegen eines defekten Bugrades zerstört. Nachdem die Reparaturen abgeschlossen waren, verunglückte die Maschine am 1. Februar 1944 bei Lechfeld erneut, als während eines Fluges von *Hauptmann* Werner Thierfelder ein Bugreifen platzte. Obwohl die Schäden reparabel gewesen wären, konnten sie nicht mehr vor Kriegsende behoben werden.

Nach ihrem ersten Flug am 17. Oktober 1943 wurde die **Me 262V6** (Werk-Nr. 130001, V1+AA) den Testflugzeugen zugeteilt. Aufgrund des umfangreichen Testprogramms für die Me 262 und der Zahl der verlorengegangenen oder zerstörten Maschinen entschied man, den Vorserienmaschinen sogenannte Versuchsnummern zuzuordnen.

Ungewöhnlich für ein von den Alliierten sichergestelltes Flugzeug: Das Bugfahrwerk ist von den Deutschen nicht gesprengt worden. Dieses fast fertiggestellte Flugzeug wurde in einer der vier in einem Wald gelegenen Fabriken vorgefunden, in denen die meisten Me 262 produziert wurden. (Sammlung des Air Force Museums)

Me 262V6

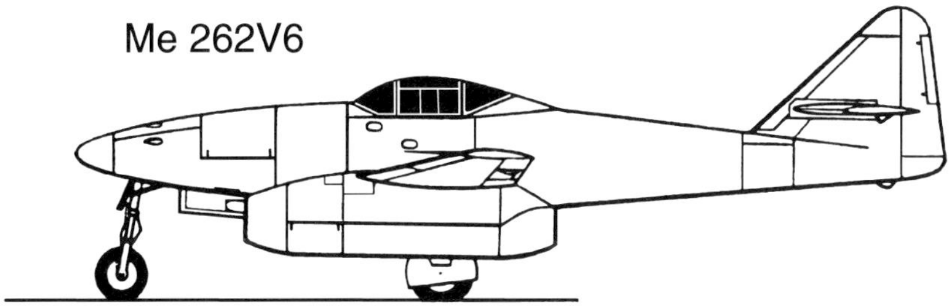

Me 262V7

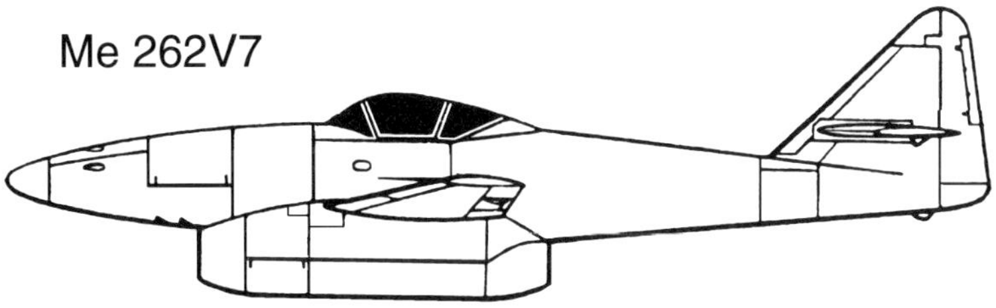

Me 262V8

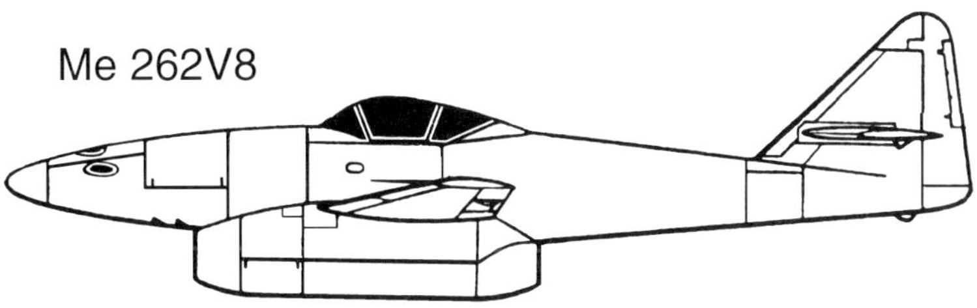

Me 262V9

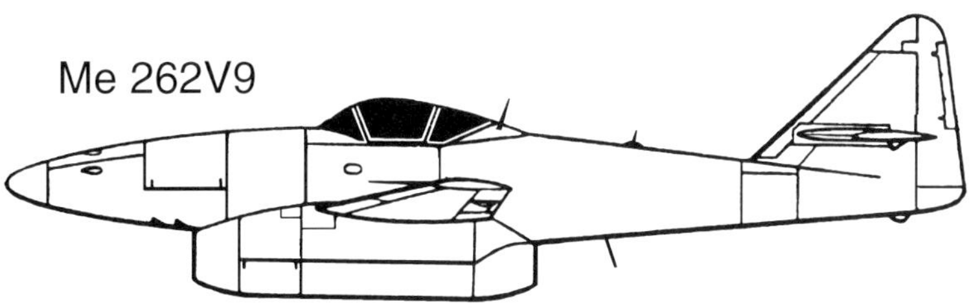

Me 262V9
(mit Deichselschleppbombe)

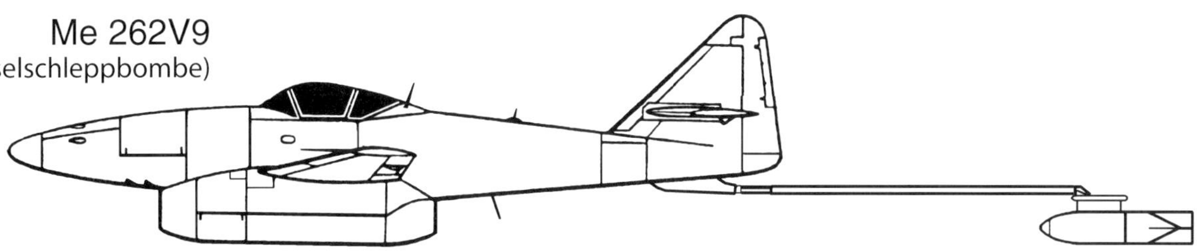

Me 262V9
(Baureihe vom Oktober 1944)

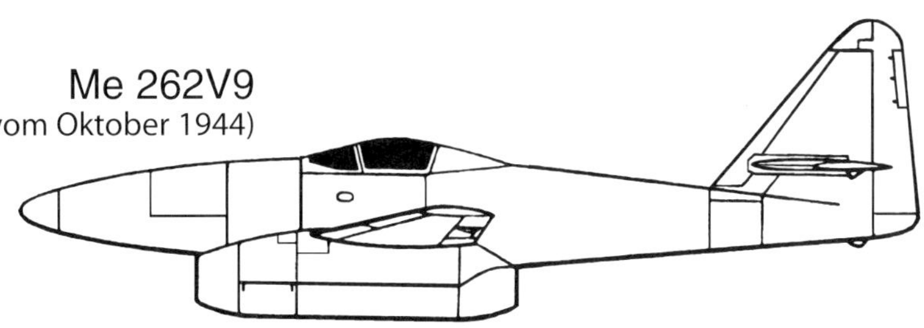

Die letzten Prototypen waren schon so aufgebaut, wie die späteren Modelle aus der Serienproduktion. Bei der V6 wurde zum letzten Mal das ursprüngliche Kabinendach und ein Ruder ohne Massensysmmetriereinrichtung verwendet. Das Kabinendach der V7 und der V8 unterschied sich geringfügig, was von außen jedoch nicht zu sehen war. Der neunte Prototyp wurde zu Schleppbombentests eingesetzt und im Oktober 1944 für Versuche mit einem stromlinienförmigen Kabinendach und vergrößerten Seitenflossen verwendet. Aus diesem Flugzeug wurde später die HG I (siehe Zeichnung).
(Dennis R. Jenkins)

Diese Maschine wurde mit zwei vorabproduzierten Jumo 0048-0 Turbodüsen angetrieben, die trotz des geringeren Gewichts von 99 kg ebenso 890 kp Schubkraft entwickelten wie die der 0004A. Die Triebwerke befanden sich in neugeformten Gondeln mit geringem Luftwiderstand, die Verkleidung der Tragflächenhinterkante wurde nach unten verlegt, um den Motor hinten einzuschließen und damit die Flugeigenschaften zu verbessern. Bei früheren Testflügen waren mehrfach Kühlungsprobleme aufgetreten, daher wurde entschieden, einen stärkeren Luftstrom über das Hinterteil des Triebwerks zu leiten, indem man eine Reihe von radialen Schlitzen in der äußere Doppelhaut anbrachte.

Desweiteren wurden Ausgleichshöhenruder angebracht und im Bug Kanonenscharten eingelassen, obwohl dort nie Waffen installiert wurden. Die Auswurfbleche für die verbrauchten Patronenhülsen wurden im Boden des Rumpfs untergebracht, waren jedoch anders montiert, als bei den Flugzeugen aus der späteren Produktion. Die wohl wichtigste Veränderung gegenüber den früheren Maschinen betraf die Ausstattung des Flugzeug mit einem vollständig einziehbaren hydraulischen Dreiradfahrgestell. Das Flugzeug hatte bereits das äußere Erscheinungsbild der Me 262V. Am 9. März 1944 verunglückte es bei seinem 28. Flug; der Pilot Kurt Schmidt kam ums Leben.

Während dieser Zeit nahm das Schicksal der Me 262 eine Wendung, die nach Ansicht mancher Historiker den Ausgang des 2. Weltkrieges entscheidend beeinflußte. Am 2. November 1943 besuchten Hermann Göring und Erhard Milch die

Die letzte Montagestätte in der "Waldfabrik" Obertraubling in der Nähe von Regensburg nach einem Alliierten Bombenangriff. Im Hintergrund sieht man die Tarnnetze zur Abdeckung der Produktionsanlagen. An abgelegenen Plätzen in den umliegenden Wäldern wurden die Einzelteile gefertigt und dann hierher zur Endmontage gebracht. Zum Schluß wurde das Flugzeug geprüft und dann auf die nahegelegene Autobahn geschleppt, die zum Rollfeld umfunktioniert wurde. Diese Flugzeuge waren bereits mit Motoren ausgestattet und weitgehend fertiggestellt, als sie zerstört wurden. (Sammlung des Air Force Museums)

Die Klappen der Me 262 waren sehr einfach aus miteinander verbundenen Segmenten auf beiden Seiten des Jumo 004 Motors aufgebaut. Hier wurde der Rumpf entfernt, aber der Motor ist noch unter dem Flügel angebracht. Der Auspuffkonus ist deutlich in eingefahrener Position zu erkennen. (Sammlung des Air Force Museums)

Das Flugzeug des Air Force Museums nach der Restaurierung. Heute befindet sich die Maschine im Hauptgebäude, damit sie vor Witterungseinflüssen geschützt ist. Die meisten Einzelteile sind erhalten geblieben, auch wenn das Cockpit und die Treibstofftanks, sowie die Radarinstrumente und ein Teil der übrigen Ausstattung komplett nachgebildet werden mußten. Das Flugzeug ist jedoch noch immer nicht im flugfähigen Zustand. (Sammlung des Air Force Museums)

Ein komplett ausgestattetes Bugsegment vor seiner Montage an den Flugzeugrumpf. Das Bugfahrgestell ist noch nicht montiert. (Sammlung des Air Force Museums)

Die Klappen der Tragflächenhinterkante waren durch den Motorrumpf, der auf diesem Foto nicht zu sehen ist, unterteilt. Außerdem fehlen die Querruder. Das Bild zeigt das Museumsflugzeug während seiner Restaurierung. (Sammlung des Air Force Museums)

Messerschmittwerke in Augsburg, um die Produktion der Me 262 zu besprechen.

Göring fragte Willy Messerschmitt, ob die Me 262 in der Lage sein würde, Bomben zu tragen und Messerschmitt antwortete, daß das Flugzeug mit Vorrichtungen versehen sei, die es möglich machten, kleine Geschütze (250 bis 500 kg) unter dem Rumpf zu tragen.

Am 26. November 1943 wurde für Hitler und Göring eine Demonstration des neuen Jagdflugzeugs im preußischen Insterburg arrangiert. Trotz des Zeitdrucks, der auf dem Me 262-Programm lastete, bereitete man die Vorstellung des Flugzeugs vor. Die Me 262V4 und V6 wurden dem Testprogramm entzogen und von Karl Baur und Gerd Lindner nach Insterburg geflogen. Die von Baur geflogene Me 262V4 brannte während des Starts aus, doch die Me 262V6 konnte von Lindner mit beachtlichem Erfolg vorgeführt werden. Hitler erkundigte sich bei Messerschmitt nach der Möglichkeit, das Flugzeug als Bomber zu nutzen, worauf Messerschmitt ihm entgegnete, dies sei bei geringen Veränderungen möglich. Hitler zeigte sich sehr beeindruckt und erklärte, damit habe er endlich seinen Blitzbomber gefunden.

Von diesem Zeitpunkt an spielte die Me 262 in Hitlers Plänen zur Bekämpfung der Invasion eine zentrale Rolle. Hitler war davon überzeugt, daß ein schnelles Flugzeug, das zumindest in der Lage war, einige Bomben abzuwerfen, die Invasoren zumindest lange genug aufhalten konnte, um Reservestreitkräfte zu verlegen. Doch hatte Messerschmitt noch nicht einmal damit begonnen, einen Prototyp für einen Me 262 Bomber zu erarbeiten.

Im November 1943 rollte der zweite Prototyp der Maschine das Augsburger Werk. Die **Me 262V7** (Werk-Nr. 130002, VI+AB) starte am

20. Dezember 1943 unter dem Piloten Gerd Lindner zu ihrem Jungfernflug.

Diese Maschine war mit ihrem Vorgänger weitgehend identisch, doch sie hatte ein komplett durchsichtiges Kabinendach und eine luftdichte, im Verhältnis von 1:2 auf Normaldruck gehaltene Kabine (damit wurde in einer Höhe von 40.000 Fuß der gleiche Druck wie auf 20.000 aufrechterhalten). Diese Konstruktion ersetzte die gepanzerte dreigeteilte Windschutzscheibe und die Rundumverglasung früherer Versionen, wobei das Fenster auf der linken Seite des Kabinendachs verschwand. Erstmals wurden spezifisch für diese Produktion gefertigte Jumo 004B1-Motoren angebracht, die sich jedoch kaum von den vorproduzierten Einheiten unterschieden. Am 21. Februar 1944 verunglückte die Maschine bei ihrem 17. Flug. Die Me 262V7 wurde wieder in Stand gesetzt, doch nach insgesamt 13 Flugstunden wurde sie bei einem Unfall bei Lechfeld völlig zerstört, wobei der Pilot, Unteroffizier Hans Flachs, ums Leben kam.

Den Alliierten gelang es im Januar 1943 zum ersten Mal, die Maschine zu fotografieren. Ein Pilot der RAF entdeckte bei Augsburg eine Me 262, und ab Dezember 1943 sammelten die Geheimdienste Fakten über dieses Flugzeug. Zumindest bei zwei Gegebenheiten konnten französische Staatsbürger, die in den Messerschmittwerken arbeiteten, mit Informationen entkommen, die sowohl die Me 262 als auch die Me 163 und die He 280 betrafen. Aufgrund dieser Informationen sah sich die RAF gezwungen, 120 Jagdflugzeuge vom Typ Gloster Meteor produzieren zu lassen, und Untersuchungen anzustellen, um das aerodynamische Problem bei schallnaher Geschwindigkeit und Überschallgeschwindigkeit besser in den Griff zu bekommen. In den Vereinigten Staaten wurden ähnliche Tests gemacht, woraus die Bell P-59A, die Lockhead P-80A und die experimentelle Bell XS-1 (X-1) hervorgingen.

Das vierte vorproduzierte Flugzeug, die Me 262V9 (Werk-Nr. 130004, VI+AD), wurde zum ersten Mal am 19. Januar 1944 geflogen und zunächst zum Test der Kommunikationsausrüstung eingesetzt. Wie die VI+AB wurde auch dieses Flugzeug mit Jumo 004B-1-Motoren aus der Serienproduktion angetrieben. Die Me 262V9 wurde auch zum Test des elektroakustischen Zielsuchgerätes verwendet und zu diesem Zweck mit einer

Die Seitenflosse der Werk-Nr. 111711 bei der Untersuchung in Wright Field. (Sammlung des Air Force Museums)

Die verstellbare Höhenflosse konnte durch eine mit dem schrägen Flossenholm verschraubte elektrische Schraubwinde vollständig versenkt werden. Ausfälle der Schraubwinde waren für den Absturz mehrerer Me 262 verantwortlich. (Sammlung des Air Force Museums)

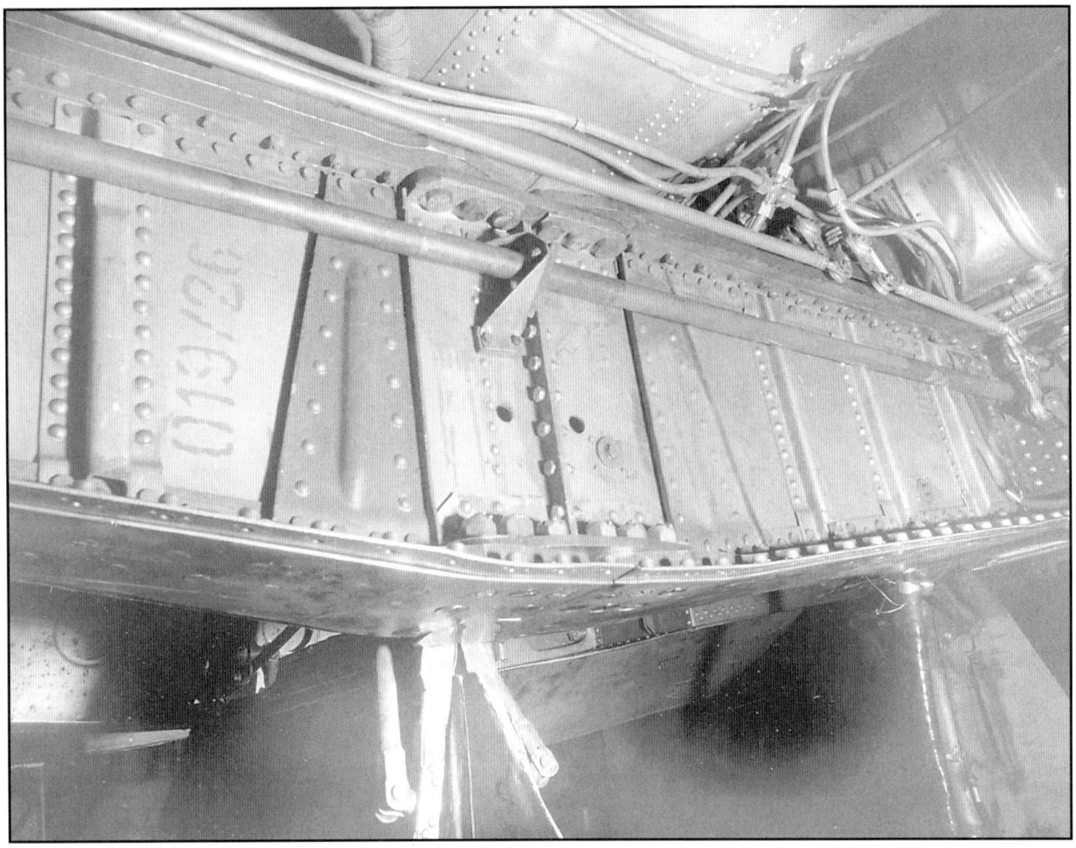

Der Flügelvorderholm. Direkt darüber ist die Cockpitauskleidung zu erkennen, unten auf dem Foto sieht man die Klappen des Hauptfahrgestells. (Sammlung des Air Force Museums)

kleinen Antenneneinheit am Bug versehen.

Im Oktober 1944 wurde die VI+AD mit einem stromlinienförmigeren Kabinendach und einer vergrößerter Seitenflosse für Hochleistungszwecke umgerüstet.

Die letzten 20 Tests des Flugzeugs wurden in dieser Ausführung durchgeführt. Anschließend wurde es dem Projektbüro Oberammergau für Hochgeschwindigkeits tests übergeben, woraus sich der Bau einer Serie von Hochgeschwindig keits- Flugzeugen ergab.

Erhard Milch hatte die Bedeutung des Blitzbombers längst erkannt, doch es schien, als würde er Hitlers Anordnungen ignorieren und sich ausschließlich darum bemühen, aus der Me 262 ein Jagdflugzeug zu machen. Dieses Problem wurde besonders deutlich, als die **Me 262V8** (Werk-Nr. 130003, VI+AC) am 13. März 1944 zu ihrem Jungfernflug startete. Die VI+AC trug vier bugmontierte 30 mm Rheinmetall Borsig-Geschütze und ein optisches Revi 16B-Visier im Cockpit. Diese Anordnung galt als schlagkräftige Luft/Luft-Waffe, doch für den Einsatz gegen Ziele am Boden waren sie so gut wie unbrauchbar. Jedes der Geschütze konnte pro Minute 660 Patronen mit 340 Gramm schwerem, hochexplosivem Material abfeuern und galt in balistischer Hinsicht als nahezu perfekt.

Bei Testflügen ergaben sich einige Schwierigkeiten bei Durchführung von Kehren und gleichzeitigem Abfeuern der Geschütze, weil die Zentrifugalkräfte die Munitionsgürtel zerrissen. Dieses Problem konnte teilweise durch Modifikation des Zuführungsmechanismus gelöst werden. Die Me 262 wies jedoch weitere Probleme auf. Das Geschützfeuer lief in 400 bis 450 Metern Entfernung zusammen, die beiden oberen Waffen hatten jeweils 100 Schuß, die beiden unteren 80. Bald darauf wurde die Me 262V8 mit einem leicht veränderten Kabinendach ausgerüstet, mit dem die noch bei der M2 262V7 aufgetretenen Abrißprobleme behoben werden konnten. Das Flugzeug wurde bei einem Landeversuch im Oktober 1944 zerstört.

Milchs Wunsch, ein Jagdflugzeug zu bauen, wurde ohne Zweifel von den Geheimdienstinformationen beeinflußt, die er über die von den Amerikanern entwickelten Langstreckenbomber Boeing B-29 und Convair B-32 erhielt. Nach diesen Informationen wurde die Flughöhe der Flugzeuge im Kampfeinsatz mit 39.000 Fuß angegeben, was alle Luftwaffenflugzeuge bei weitem übertraf – bis auf die Me 262. Milch war überzeugt davon, daß Deutschland den Krieg auf jeden Fall verlieren würde, falls er nicht genügend Me 262 bauen konnte. Später sollte sich jedoch herausstellen, daß die Flughöhe niemals bei 39.000 Fuß lag und diese Flugzeuge keine Einsätze über Europa fliegen sollten. Dies konnte Milch jedoch nicht wissen.

Inzwischen, am 8. Januar 1944, machte der Pilot Milo Birchham einen ersten Testflug mit dem Prototypen der Lockhead P-80 Shooting Star. Drei Monate zuvor, am 23. September 1944, war Geoffrey de Havilland Jr. mit einem Prototypen des de Havilland Vampire zum Jungfernflug aufgestiegen. Die Ruhmesaussichten der Me 262 waren damit schnell zusammengeschrumpft.

An heutigen Standards gemessen, war das Cockpit der Me 262 simpel aufgebaut, was jedoch im Hinblick auf die Zeit relativiert werden muß. Die Instrumentierung war auf das wesentliche beschränkt; die Fluginstrumente befanden sich auf dem Hauptschaltfeld, rechts davon die Motoreninstrumente. Auf dem seitlichen, angewinkelten Schaltfeld waren die Sauerstoffkontrolle und –dosierung, sowie die Notklappen und Fahrgestellschalter untergebracht. (Sammlung des Air Force Museums)

4 Schwalbe als Jungvogel

Ein Heranwachsender zieht in den Krieg

Bis Januar 1944 waren weitere 23 Flugwerke fertiggestellt, da jedoch die Motoren fehlten, konnten sie den Flugbetrieb nicht aufnehmen. Junkers hatte unzählige Schwierigkeiten mit der Massenfertigung des Jumo 004, und die Me 262 konkurrierte bei der Verteilung der zur Verfügung stehenden Motoren mit der Ar 234. Wären die vorab produzierten Flugwerke bereits früher fertiggestellt worden, hätten sie ebenso lange auf die Lieferung der Motoren warten müssen. Auch wenn das Generalluftzeugmeisteramt weniger vorsichtig gewesen wäre und die Anweisung zur Massenproduktion der Me 262 zu einem früheren Zeitpunkt erteilt hätte, hätte dies also keine wesentlichen Auswirkungen gehabt.

Junkers war dagegen, den Jumo 004B voreilig zur Produktion freizugeben, weil noch immer zahlreiche technische Probleme zu lösen waren, bevor der Motor als verläßliche Antriebsmaschine betrachtet werden konnte. Nachdem im Juni 1944 einige wenige Jumo 004B-Motoren gebaut wurden, lief die Serienfertigung an, obwohl die Entwicklung noch immer als unzureichend betrachtet wurde. Die Situation wurde durch die Tatsache verschlimmert, daß die Produktion unter die Erde verlegt werden mußte.

Eines der Hauptprobleme bestand darin, daß Junkers einen hochentwickelten Motor produzieren sollte, ohne über die hierfür notwendigen Materialien zu verfügen. Im Idealfall hätten bei der Fertigung von Teilen, die starker Hitzeentwicklung ausgesetzt waren, Nickel und Chrom verwendet werden müssen. Doch in Deutschland waren diese Rohstoffe knapp, deshalb mußte man bei der Umkonstruktion des 004A in den 004B Ersatzstoffe einsetzen. So waren beispielsweise die Brennkammern aus herkömmlichem Stahl gefertigt, der mit einer hitzebeständigen Schicht aus Aluminiumsprühbelag überzogen war, was immer wieder zu Aussetzern führte.

Die anfänglich produzierten Motoren hatten eine Lebensdauer von weniger als zehn Stunden und waren für die Piloten nur sehr schwer zu kontrollieren. Sowohl bei niedrigen Geschwindigkeiten, als auch bei extremen Höhen brach häufig

Acht aufgereihte Me 262 des Erprobungskommandos 262 in Lechfeld. Zu den auf den Bug aufgemalten gelben Nummern verwendete das Ekdo ein gelbes Band vor dem Kreuz. Die Werk-Nr. ist mit schwarzer Farbe aufgemalt. (Sammlung des Air Force Museums)

der Luftstrom zusammen, wodurch die Kompression ausfiel. Ferner war die Treibstoffzufuhr nur äußerst schwer zu regulieren, denn die Turbine brannte aus, wenn der Treibstoff zu schnell zugeführt wurde, und entflammte, wenn er zu langsam floß.

Die letzte Maschine, die in Augsburg Haunstetten fertiggestellt wurde, war die **Me 262V10** (Werk-Nr. 130005,V1+AE), die am 15. April 1944 erstmals in die Luft stieg. Die lange Wartezeit zwischen dem Erstflug der Me 262V9 und der Me 262V10 hatte einen einfachen Grund - es gab keine Motoren. Die Me 262V10 wurde ursprünglich verwendet, um den Gegendruck auf den Steuerknüppel auszuwerten, der bei hohen Geschwindigkeit untragbar schwer wurde. Die ersten Querruder der Me 262 hatten eine abgerundete, hochgezogene Vorderkante, wobei das Gelenk recht weit hinten plaziert war. Um das Gewicht zu verringern, wurde das Profil erst erhöht, dann wieder vermindert. Diese Versuche blieben jedoch erfolglos und man testete eine stumpfe Vorderkante, bei der das Gelenk weiter nach hinten versetzt wurde. Das Querruder wurde modifiziert und eine zahnradgetriebene Hilfsruderkonstruktion getestet, doch selbst bei dem letztlich in Produktion genommenen Bautyp der Me 262 waren die Querruder für Hochgeschwindigkeiten noch immer zu schwer.

Schließlich wurde die Me 262 mit einer mehrstu-

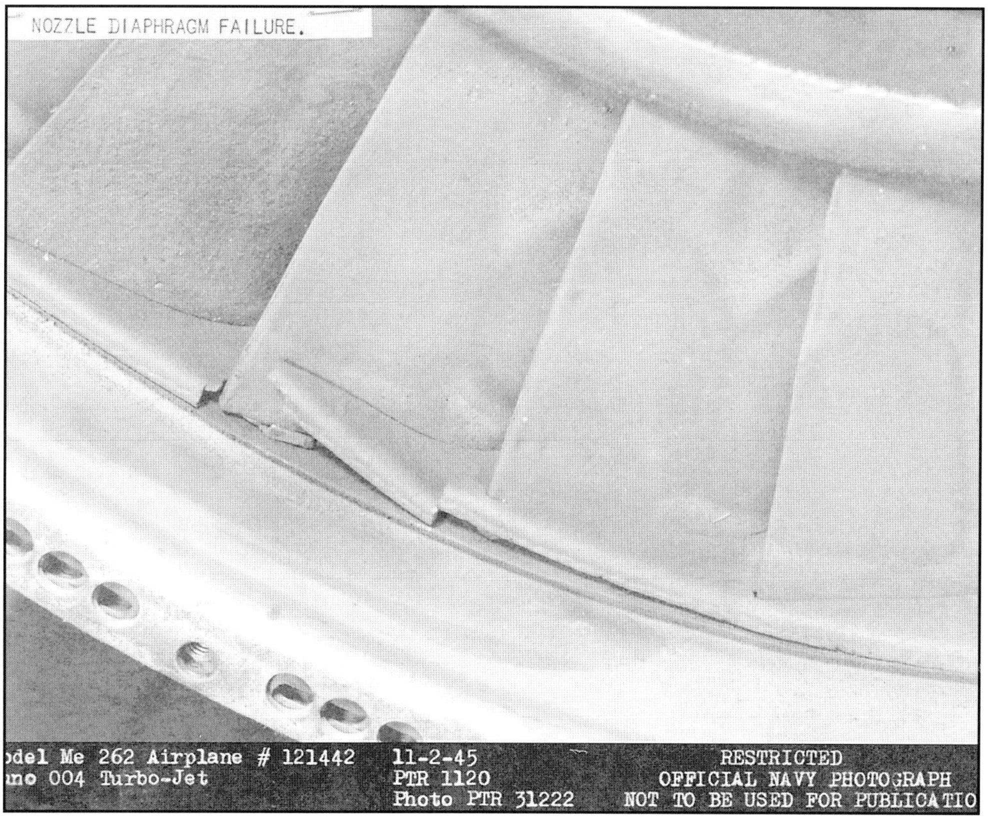

Eine der Kompressorschaufeln dieses eroberten Jumo 004B- Motors war ausgefallen, was jedoch nicht zur Zerstörung des Kompressors führte. Die gebrochene Schaufel ist unten rechts erkennbar. (Sammlung des Air Force Museums)

figen Steuersäule ausgestattet, um dem Piloten das Manövrieren bei hohen Geschwindigkeiten zu erleichtern.

Die Säule bestand aus einer zylindrischen Hülse, in der sich eine Stange auf und ab bewegte. Die Hülse war mit einem Kugellager fest am Boden des Cockpits angebracht und die Pleuel befanden sich am äußersten Ende der Stangen. Mit einer Handkurbel an der Seite der Hülse konnte die Stange bei hoher Geschwindigkeit angehoben werden, wodurch sich die Hebelwirkung vergrößerte. Die Neigung der Querruder fiel von 22 auf 18 Grad.

Aus Mangel an Motoren konnte die Maschine nicht vor April 1944 an die Luftwaffe geliefert werden. Im April erhielt sie insgesamt 16 vorproduzierte Me 262A-0 Jäger und weitere 7 im Mai. Am 28. März 1944 verließ die erste Maschine die Leipheimer Produktionsstätte (Werk-Nr. 130007,VI+AG) zu ihrem Jungfernflug. Durch den Verlust von Prototypen und die vorrangige Abordnung zu Testzwecken wurde die **Me 262S1** zur ersten zu Flugtests abberufenen Maschine. Am 25. Juni 1945 erreichte Feldwebel Herlitzius in einer VI+AG bei einem steilen Vollgassturzflug aus einer Höhe von 23.000 Fuß eine Geschwindigkeit von 1004 km/h. Dabei handelte es sich um die erste geplante Überschreitung der 1000 km/h-Marke eines Flugzeugs, die dokumentiert ist. Die beiden nächsten Maschinen der S-Serie (Werk-Nr. 130008, VI+AH und 130009, VI+AI) wurden der Luftwaffe zugewiesen und zum Erprobungskommando Thierfelder abgeordnet, einem Flugtest-Sonderkommando. Die vierte in Leipheim hergestellte Maschine (Werk-Nr. 130010, VI+AI) wurde der Firma Blohm und Voss Wenzendorf übergeben, wo sie zu einem zweisitzigen Übungsflugzeug umgebaut wurde. Die Maschine wurde Ende Juli 1944 dem Test-Sonderkommando in Rechlin-Lärz geliefert, doch bei der Landung nach ihrem 47. Flug am 8. Oktober 1944 erlitt sie einen Totalschaden.

Die hervorragende Arbeit der Junkers-Werke wird auf diesem Foto deutlich, das den Turbinenteil des Jumo 004B zeigt. Unglücklicherweise funktionierte der Motor nicht so gut, wie seine Fertigungsqualität vermuten läßt, da es an geeigneten Materialien mangelte. (Sammlung des Air Force Museums)

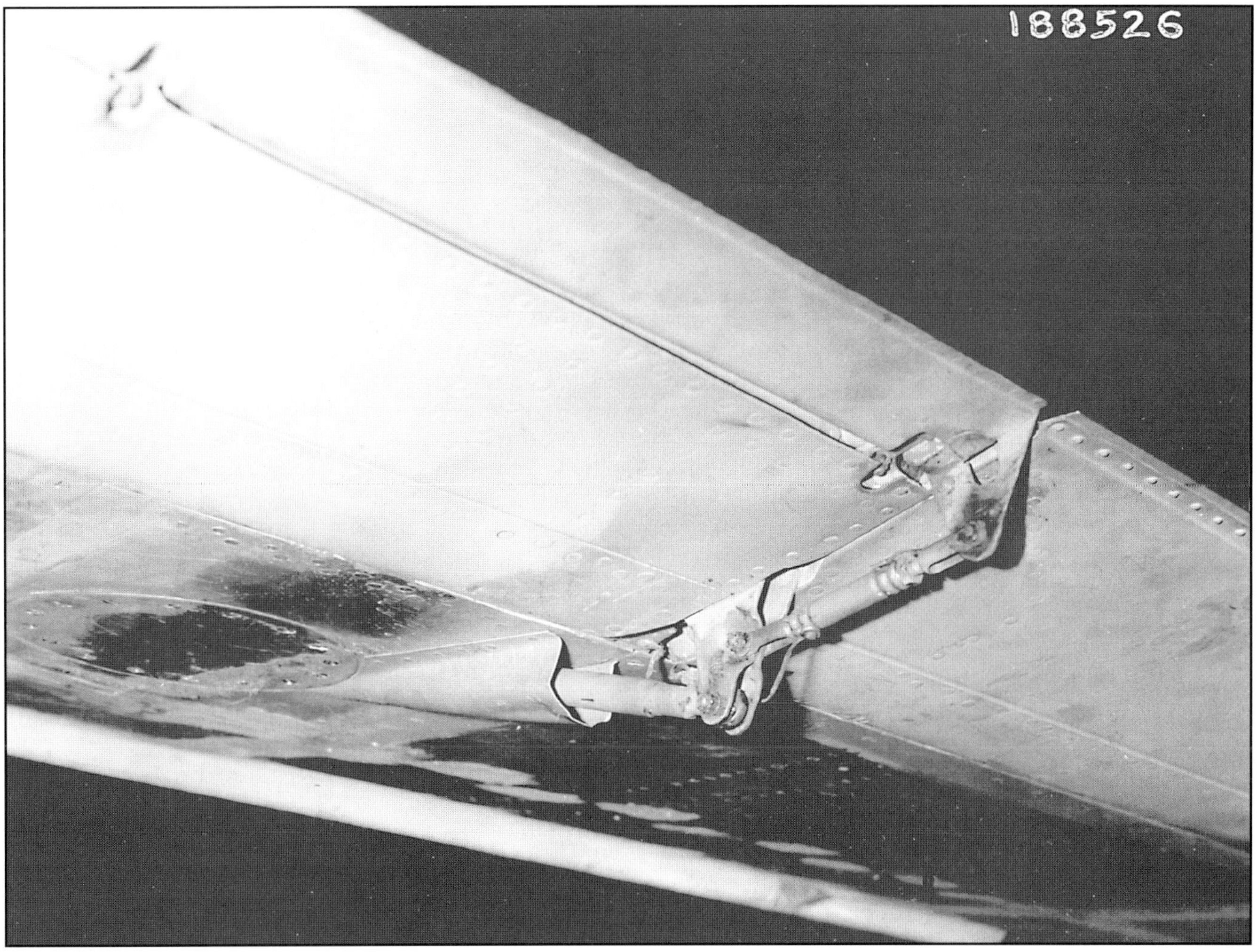

Das Querrudergelenk der Me 262 wurde außen unter dem Flügel montiert. Hilfsgelenke, die nur am Boden einjustiert werden konnten, kontrollierten das Trimmruder. (Sammlung des Air Force Museums)

Nun war eine ausreichende Zahl Me 262A-0 verfügbar, um eine Testeinheit aufzubauen, aus der das Erprobungskommando 262 entstand. Schrittweise konnten die Ekdo-262-Piloten erste Erfahrungen mit dem neuen Jäger und seinen unberechenbaren Motoren sammeln. Sie lernten die enormen Vorteile zu schätzen, die ihnen die Möglichkeiten der Me 262 im Kampfeinsatz boten. Mit einer Endgeschwindigkeit von über 870 km/h und einer Anfangssteiggeschwindigkeit von 4.000 Fuß pro Minute übertraf die Me 262 jedes andere Flugzeug. Außerdem konnten die vier 30mm-Geschütze 45 kg hochexplosives Material ausstoßen – genug, um ganze Bombergeschwader vom Himmel zu holen.

Das Flugzeug kam exakt zum richtigen Moment – oder es sah zumindest so aus. Ab dem Frühjahr 1944 wurden die amerikanischen Bomberformationen von P-51 Mustang-Maschinen eskortiert. Die Mustang war den Flugzeugen der Luftwaffe zumindest gleichwertig und besaß zudem die notwendige Reichweite, um die Bomber zu jedem Zielort und zurück nach Hause zu begleiten. Dies war eine unglückliche Entwicklung für die Luftwaffe – zwar konnten ihre Jäger die für die Vernichtung der Bomber notwendigen schweren Waffen tragen, waren dann jedoch langsamer als die P-51-Maschinen, denen sie nur mit leichter Bewaffnung gewachsen waren. Einzige Ausnahme war die Me 262, die mit schwereren Waffen als die anderen Flugzeuge dieser Zeit bestückt war und auch die notwendige Geschwindigkeit erreichen konnte, um den Mustangs zu entkommen.

Auch wenn Hitlers Wunsch, die Me 262 als Kampfbomber einzusetzen, für die Fabrikanten unverständlich war, wurden sowohl konventionelle als auch unkonventionelle Methoden erörtert, das Flugzeug für diesen Zweck aufzurüsten. Der konventionelle Ansatz bestand in der Installation von zwei nebeneinander liegenden Bombenabwurfvorrichtungen unter dem Bugrumpf.

Die Belastung war auf zwei 250-Kilo-Bomben oder zwei 500-Kilo-

Bomben ausgerichtet. Die Me 262 hätte auch eine einzelne 990-Kilo-Bombe zuladen können, doch in der Praxis trug sie meist nur eine 500- oder zwei 250-Kilo-Bomben.

Der unkonventionelle Ansatz bestand in einer sogenannten Deichselschleppbombe - eine 990-Kilo oder 500-Kilo-Bombe mit einem Holzflügel (der von einer V1 Fernrakete stammte), die in einer Hülse von sechs Metern Länge geschleppt wurde, die mit der Bombe fest verbunden war. Die Schleppstange war mit einem Drehgelenk am Heck der Me 262 angebracht, was horizontale und vertikale Bewegungen zuließ. Durch die Hülse liefen Drähte, die die Fernzündung der Absprengvorrichtung ermöglichten. Während des Starts lag die Bombe auf einem zweirädrigen Transportwagen, der abgesprengt wurde, sobald sich die Maschine mit der Bombe in der Luft befand. Wenn die Me 262 ihr Ziel erreichte, unternahm sie einen flachen Sturzflug und warf die Bombe unter Zuhilfenahme der Revi-Optik ins Ziel.

Die von Gerd Lindner geflogene Me 262V10 war die erste zu Schleppbombentests eingesetzte Maschine. Durch die Bombe im Schlepptau wurde die Geschwindigkeit der Me 262 auf 515 bis 530 km/h herabgesetzt. Die Experimente mit 500-Kilo-Bomben waren zufriedenstellend, doch als man die 990-Kilo-Bombe anhängte, traten Schwierigkeiten auf, weil der Hilfsflügel einen zu hohen Auftriebsbeiwert bewirkte. Hierdurch geriet die Bombe ins Trudeln, was sich auf die Me 262 übertrug und erhebliche Kontrollprobleme zur Folge hatte. Aufgrund unberechenbarer Bewegungen war Lindner während eines Fluges zum Absprung gezwungen, zumal sich die Bombe nicht abwerfen ließ.

Die Tests wurden mit einer vorproduzierten Me 262A-0 fortgesetzt und

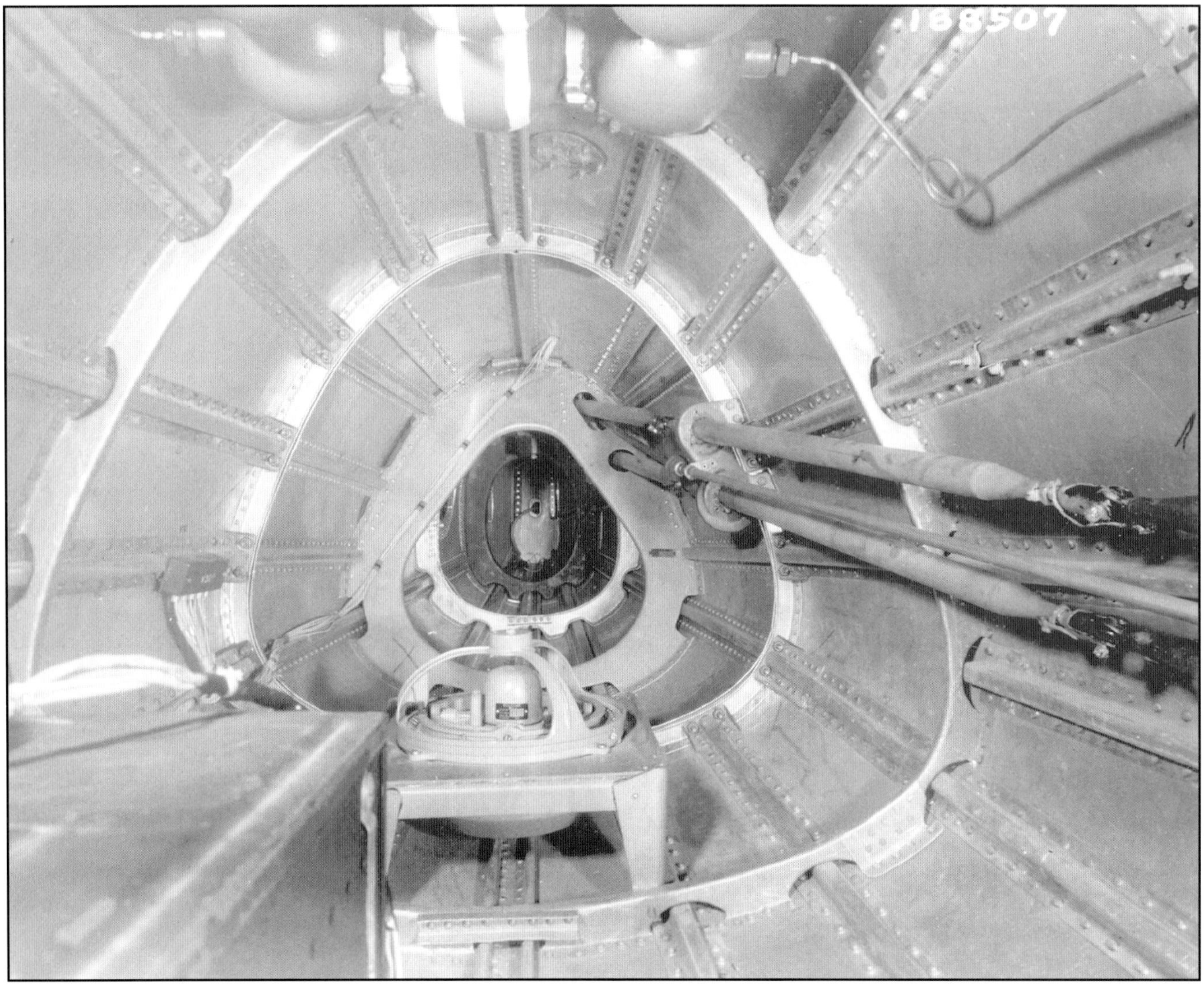

Das Innenleben des Hinterrumpfs. Rechts sind die Kontrollverbindungen der Heckruder zu sehen, der Kompaß ist in der Mitte auf dem Boden. Das Brett links diente zur Unterbringung der Funkanlage. (Sammlung des Air Force Museums)

Die Unterseite des Flügels ohne Triebwerke. Das Tragflächenende liegt links, oben ist die Vorderkante zu sehen. Ein Verkleidungselement wurde entfernt, um den Blick auf die Treibstoff- und Hydraulikleitungen zu ermöglichen. (Sammlung des Air Force Museums)

bei einer Gelegenheit versagten die Explosionsbolzen. Lindner mußte landen, obwohl die Bombe noch immer an der Maschine befestigt war. Ein anderer Testflug mußte abgebrochen werden, weil die Schlepp-Drehgelenke in Folge eines schwierigen Wendemanövers aus dem Heck der Me 262 rissen. Man entschied, daß die Lösung mit der Schleppbombe zu gefährlich sei und man deshalb auf konventionelle Methoden des Bombentransports zurückgreifen sollte. Das Konzept wurde allerdings bei einer weiterentwickelten Nachtkampfvariante der Me 262 wieder aufgegriffen, um mehr Treibstoff transportieren zu können. Über den Einsatz der Me 262 als Kampfbomber wurde am 23. Mai 1944 weiterdiskutiert, als Hitler Göring, Milch, Galland und weitere hochrangige Offiziere nach Berlin zitierte, um den Planungsstand der Produktion für die Luftwaffe zu besprechen. Bei diesem Treffen hörte sich Hitler die Diskussion um die Kampfbomberproduktion der Me 262 an und fragte schließlich, wie viele Varianten des Kampfbombers bereits produziert worden seien. Als ihm berichtet wurde, daß sich die Produktion bislang ausschließlich auf Varianten des Jagdflugzeugs konzentrierte, verlor er die Beherrschung. Seine Stimmung verbesserte sich nicht gerade, als man ihm außerdem mitteilte, daß Jagdflugzeug nicht einmal zum Tragen kleinerer Bomben geeignet seien. Er war nicht nur schwer enttäuscht, weil er eine der wichtigsten Waffen zur Abwehr einer Invasion verloren hatte, sondern auch verärgert, weil man ihn über die Produktion einer Bombervariante der Me 262 absichtlich in die Irre geführt hatte.

Resultat war, daß Hitler Göring persönlich mit der unverzüglichen Aufnahme der Produktion von Me 262-Kampfbombern betraute, ohne zu bedenken, welche Auswirkungen dies auf die Jagdvariante des Flugzeugs haben würde. Göring erklärte Milch, der Führer habe angeordnet, daß die Me 262 ausschließlich als Kampfbomber eingesetzt werden sollte und alle Arbeiten an Jagdflugzeugvarianten eingestellt würden. Am darauffolgenden Tag diskutierte Göring mit hochrangigen Offizieren der Luftwaffe die notwendigen Änderungen zum Umbau der Me 262 in einen Kampfbomber.

Diese Modifikationen konnten bei neuproduzierten Flugzeugen relativ einfach durchgeführt werden, doch der Umbau der bereits fertigen Flugwerke schien außerordentlich schwierig. Davon wollte man jedoch nichts hören. Während der anschließenden Unterhaltung sprach Willy Messerschmitt versehentlich von der Me 262 als Jagdflugzeug, worauf ihn Göring sofort unterbrach und aufforderte, den Begriff „Jagdflugzeug" nicht mehr zu benutzen. Der Reichsmarschall, der offensichtlich darüber verärgert war, daß er sich Hitlers Zorn zugezogen hatte, bettelte die Anwesenden förmlich an, nichts hinter seinem Rücken zu tun, was gegen die Wünsche des Führers verstoße. Einige Tage später gab Hitler teilweise nach und stimmte der Fortsetzung der Jagdflugzeugtests unter der Bedingung zu, daß sie das Kampfbomberprogramm nicht beeinträchtigten.

Das Hauptfahrgestellstrebe auf der Steuerbordseite. Bei einigen Maschinen basierte es auf nahtlosen Hohlrohren und nicht - wie sonst üblich - Guß oder maschinengefertigten Teilen. Das starke Reifenprofil sollte der Me 262 den Start von nicht asphaltierten Rollfeldern ermöglichen. (Sammlung des Air Force Museums)

Abseits aller Politik blieb eine Tatsache bestehen – der entscheidende Faktor bei der Produktion der Me 262 bestand darin, eine ausreichende Anzahl von Jumo 004-Motoren geliefert zu bekommen. Als die Alliierten am 6. Juni 1944, nur zehn Tage nach der stürmischen Konferenz mit Hitler, in der Normandie landeten, waren der Luftwaffe weniger als 30 Flugzeuge vom Typ Me 262 geliefert worden.

Als die ursprünglich als Jäger konzipierten Flugzeuge bei den Kampfeinheiten eintrafen, wurden in aller Eile Veränderungen vorgenommen, um sie zu Kampfbombern umzubauen. Hierzu wurden zusätzliche Treibstofftanks montiert – ein 200-Liter-Tank unter dem Pilotensitz und ein weiterer 500-Liter-Tank hinter dem rückwärtigen Tank. Letzterer lag weit hinter dem eigentlich Schwerpunkt, wodurch die Maschine stark hecklastig wurde und ohne Gegengewicht praktisch nicht zu fliegen war. Dies wurde durch die Anbringung von zwei 250-Kilo-Bomben im Vorderbereich des Flügels und die Entfernung von zwei der vier 30mm-Geschützen erreicht. Um die Balance des Flugzeugs zu sichern, war es notwendig, daß sich der hinterste Tank zuerst leerte - ein Abwurf der Bomben vor Leerung dieses Tanks hätte verheerende Folgen gehabt.

Doch es gab weitere Schwierigkeiten. Aufgrund der Aerodynamik der Me 262 erhöhte sich die Geschwindigkeit bei Sturzflügen. Hierdurch war sie für die typischen Sturzflugattacken der Luftwaffe, wie sie insbesondere vom Stuka durchgeführt wurden, untauglich. Und weil der Pilot nicht in der Lage war, direkt unter oder über das Flugzeug zu blicken, um seine Bomben zielgerichtet abzuwerfen, erwiesen sich horizontale Angriffe aus mittleren und größeren Höhen als ineffektiv.

Trotz zahlreicher Unzulänglichkeiten erfüllte die Me 262 nun Hitlers Wunsch nach einem Anti-Invasions-Blitzbomber. Doch jetzt bemerkte auch er, daß das Flugzeug für diese Funktion nicht geeignet war und ordnete an, die Produktion des düsengetriebenen Leichtbombers Arado Ar 234 voranzutreiben.

Am 26. Juli 1944 schoß Leutnant Alfred Schreiber vom Kommando Thierfelder bei einem Flug mit der **Me 262S12** (Werk-Nr. 130017, V1+AQ) ein Aufklärungsflugzeug der Royal Airforce vom Typ Mosquito ab. Dies war der erste Luftsieg eines Düsenflugzeugs in der Luftfahrtgeschichte. Am 18. Juli 1944 kam Werner Thierfelder beim Absturz der **Me 262S6** (Werk-Nr. 130011, V1+AK) ums Leben. Die späteren Untersuchung ergaben, daß der Unfall wahrscheinlich dadurch zustandekam, daß sich die Statorringe der Turbinen ablösten.

Nach Berichten Messerschmitts waren bis zum 10. August 1944 insgesamt 10 Prototypen und 112 reguläre Flugzeuge produziert worden. Die Prototypen eins, zwei, vier, fünf, sechs und sieben mußten abgeschrieben werden, und weitere 21 Flugzeuge aus der regulären Produktion wurden bei Bombenangriffen der Alliierten auf die Produktionsstätten zerstört. 11 Maschinen gingen durch Unfälle verloren, die übrigen wurden wie folgt verteilt:

I. Gruppe des Kampfgeschwaders 51 (KG 51); 33 Maschinen als Kampfbomber

Erprobungskommando (EKdo) 262; 15 als Jagdflugzeuge

Testzentrum Rechlin; 14 für unterschiedliche Zwecke

Die Fahrgestell-Schächte ragten aus der Flügeloberfläche heraus, woraus sich der dreieckig geformten Rumpf der Me 262 entwickelte. Das Hauptfahrgestell hatte weder eine Ausfahrhydraulik, noch eine Verriegelung. Statt dessen ruhten die Räder auf den Fahrgestellklappen. Wenn der Pilot das Fahrgestell ausfahren wollte, öffnete er die Klappen, worauf das Fahrgestell durch die Schwerkraftwirkung nach unten kippte. (Sammlung des Air Force Museums)

Bei den Messerschmitt-Werken für Testzwecken; 11 Maschinen für unterschiedliche Zwecke

Bei den Junkers-Werken für Motortests; ein Jagdflugzeug

Bei Blohm & Voss zum Umbau in Zweisitzer; 10 Jagdflugzeuge

Der erste belegte Abschuß einer Me 262 wurde am 28. August 1944 Major Joseph Myers und Leutnant M. D. Croy Jr. von der USAAF zugeschrieben, die jeweils eine Republic P-47 flogen, als sie auf die Me 262A-1a vom Kampfgeschwader 51 trafen.

Bereits einen Monat nach seiner Ernennung zum Chef des Generalstabs unternahm Generalleutnant Werner Kreipe den Versuch, Druck auf den Führer auszuüben. Er wollte erreichen, daß die Luftverteidigung generell verstärkt wurde und Hitler seine Entscheidung zurücknahm, die Me 262 als Kampfbomber einzusetzen. Am 30. August 1944 konnte er Hitler zumindest einen Kompromiß abringen – jede 20. Me 262 sollte als Jagdflieger ausgeliefert werden. Doch Kreipe war noch immer unzufrieden – nach einer hitzigen Auseinandersetzung mit Hitler reichte er am 19. September seinen Rücktritt ein. Am 4. November erteilte Hitler schließlich doch noch die Genehmigung für die Produktion der Jagdflugzeugvariante der Me 262, betonte jedoch immer noch, daß jedes Flugzeug „im Notfall zumindest in der Lage sein muß, eine 250-Kilo-Bombe zu tragen." Während der letzten drei Monate des Jahres 1944 wurden insgesamt 250 Me 262 produziert, womit eine ausreichende Stückzahl zur Verfügung stand, um die Maschine nicht ausschließlich als Kampfbomber einzusetzen. Im November wurde das Kommando Welter gebildet, das die Nachtjägervariante Me 262B-1a/U1 fliegen sollte.

Das Bugrad der Me 262 war eine recht einfache Konstruktion, wurde im Unterschied zum Hauptfahrgestell aber hydraulisch ausgefahren und eingezogen. Es entpuppte sich als Schwachpunkt der Me 262 und versagte regelmäßig, wenn unerfahrene Piloten damit hantierten. (Sammlung des Air Force Museums)

Die ursprünglich dieser Einheit zugeordneten Flugzeuge waren herkömmliche Einsitzer des Me 262-Jagdflugzeugtyps, wobei eine Maschine in die Me 262A-1a/U2 mit einem hydraulisch vorgesteuerten FuG Neptun-Radarsystem umgebaut wurde. Erste Ziele der neuen Nachtjäger waren die schnellen Mosquito-Bomber der Royal Airforce. Parallel wurde das Kommando Braunegg aufgebaut, das als Nahaufklärungsgruppe mit Maschinen vom Typ Me 262A-1a/U3 ausgerüstet war. Dabei handelte es sich um Jagdflugzeuge, bei denen anstatt der 30mm-Geschütze eine Kameraausrüstung installiert war.

Die Me 262 hatte noch immer Probleme mit Gierbewegungen bei hohen Geschwindigkeiten, weshalb zwei Maschinen für ein Testprogramm abgestellt wurden. Bei der Werk-Nr. 170056 (V056) und der Werk-Nr. 130167 (V167) wurden mehrere Modifikationen getestet, die darauf abzielten, die Querstabilität zu verbessern. Die V056 wurde einer Testserie unterzogen, wobei das Maß der Seitenflosse zunehmend verkürzt wurde, bis letztlich nur noch 30 cm übrig blieben.

Die Vorderkantenklappe in ausgefahrener Position. Die Turbinengondel ist nicht zu sehen. Die Klappen wurden aus Stahlblech gefertigt, weil es leicht erhältlich und einfach zu verarbeiten war. (Sammlung des Air Force Museums)

Die Vorderkantenklappe in eingefahrener Position. Die Klappen waren vollautomatisch und ihre Position durch die aerodynamische Krafteinwirkung auf die Flügel vorgegeben. (Sammlung des Air Force Museums)

5 Schwalbe und Sturmvogel

Die Schwalbe fordert die Alliierten heraus

Die erste Produktionsvariante war der – inoffiziell Sturmvogel genannte – einsitzige **Me 262A-1a** Abfangjäger, der im wesentlichen baugleich mit den letzten vorproduzierten Jagdflugzeugen vom Typ Me 262A-0 war. Sie wurde im Juli 1944 dem Erprobungskommando (Ekdo) 262 in Lechfeld zugeteilt. Die Bezeichnung **Me 262A-1a/Jabo** war eine inoffizielle Benennung, die an Me 262A-1a-Flugzeuge vergeben wurde, die man durch entsprechende Umbauten zu Blitzbombern umwandelte.

Man nahm an, die Me 262A-1a sei in vielerlei Hinsicht einfacher zu fliegen als die Bf 109G. Doch aufgrund des weiten Geschwindigkeitsbereiches, bei denen das Flugzeug operieren sollte, handelte es sich bei der Konstruktion um eine Kompromißlösung. Wenngleich es hinsichtlich der Wendigkeit nicht mit den zeitgenössischen Kolbenmotormaschinen mithalten konnte, hielt das Flugzeug die Geschwindigkeit bei scharfen Kehren länger aufrecht als alle herkömmlichen Jagdflugzeuge. Da die Strahlturbinen relativ träge auf Änderungen der Schubleistung reagierten, war sie weniger manövrierfreudig als Propellerflugzeuge. Im Sturzflug war die Me 262 jedoch jeder herkömmlichen Maschine überlegen und der Pilot mußte aufpassen, die kritische Machzahl nicht zu überschreiten. Während des Aufstiegs und bei Kehren öffneten sich die Schlitze der Vorderkante, sobald die Geschwindigkeit auf 450 km/h fiel. Bei Gleitflügen öffneten sie sich automatisch ab 300 km/h.

Die Eigenschaften beim Langsamstflug waren gut, wobei die

Die Me 262A-1a mit der Werk-Nr. 500079 (F1+DA) des Kampfgeschwaders 76 nach der Sicherstellung bei Giebelstadt. Bei diesem Flugzeug führte ein Bruch des linken Hauptfahrgestells zu leichten Schäden. Im Einstiegsbereich ist das Schubrohr zu erkennen. (Sammlung des Air Force Museums)

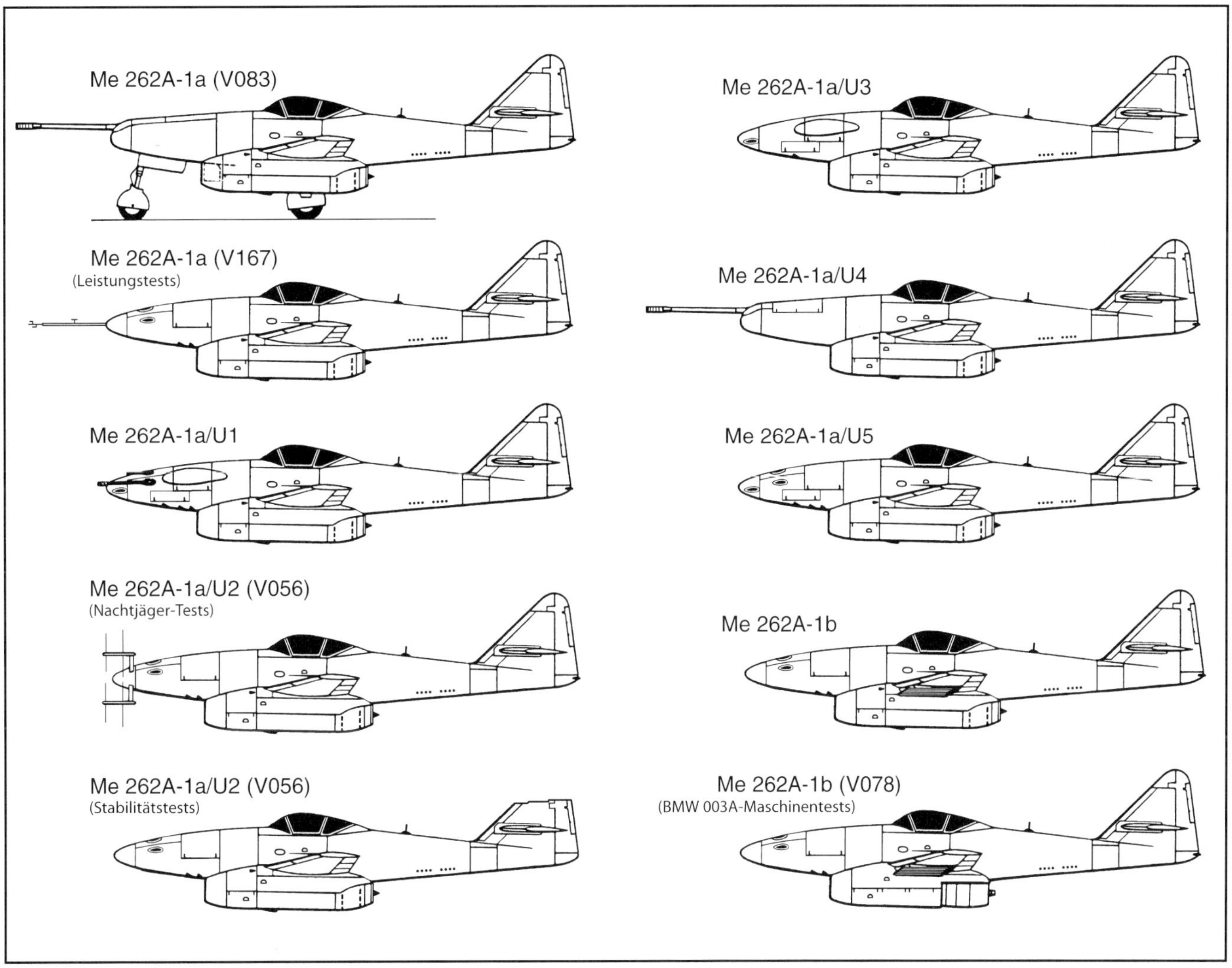

Zweifelsohne hatte die Me 262A-1a-Serie die meisten Varianten, da sich um den am häufigsten produzierten Bautyp handelte. Der Unterschied zwischen dem original Prototyp mit 55 mm-Geschützen (V083) und dem Flugzeug U4 aus der Serienproduktion bestand nur in einer leichten Veränderung der Bugform. Man beachte auch die veränderten Fahrgestellklappen der V083. Die V167 trug einen Bordmeßfühler für exakte Berechnungen bei Leistungstestflügen. Der Aufbau der V056 ist eine von zahlreichen Testversionen des Nachtjägers. Die zweite Zeichnung der V056 zeigt den endgültigen Aufbau, der auch zu Stabilitätstests verwendet wurde, wobei fast alle Seitenflossen entfernt wurden. Man beachte auch die unterschiedlichen Turbinengondeln der V078, die für Tests von späteren Varianten des BMW 003-Triebwerks verwendet wurden. (Dennis R. Jenkins)

Maschine nicht dazu neigte, ins Trudeln zu verfallen. Bei steilen Gierwinkeln war eine leichte Instabilität zu beobachten, doch diese war zu gering, um die Eigenschaften der Maschine als Waffenplattform zu beeinträchtigen. Der Gierwert lag bei eins pro Umdrehung pro Sekunde, konnte aber relativ einfach mit dem Steuerruder kontrolliert werden. Man unternahm verschiedene Änderungen, um diese Instabilität zu beseitigen, doch wurde keine vollständig befriedigende Lösung gefunden.

Mit nur einem Motor flog die Me 262 recht effektiv bei 320 bis 500 km/h. Die Flugdauer konnte bis auf 2° Stunden ausgedehnt werden, wenn bei Erreichen einer Höhe von 25.000 Fuß eine Strahlturbine abgeschaltet wurde. Die Piloten sollten den Motor vor Unterschreiten der Flughöhe von 10.000 Fuß wieder starten, da Landungen mit nur einer Maschine für zu gefährlich gehalten wurden.

Im Dezember 1944 wurden in Rechlin Experimente zur Entwicklung einer Technik für Luft/Luft-Raketen aufgenommen, die sich bis zum März 1945 hinzogen. Während der ersten Test wurde das herkömmliche Visier Revi 16B verwendet, doch im Dezember 1944 schloß Dr. Kortum von den Zeiss-Werken die Entwicklung des Gegner-Pfeil-Visiers (GPV 1) ab, das für Luft/Luft-Bombardements in die Me 262 eingebaut werden sollte.

In das GPV 1 wurden die Geschwindigkeitswerte der Me 262 und der angegriffenen Bomberformationen, die Höhe des Bombenabwurfs, sowie die ballistischen Werte der Bomben eingegeben, woraus ein Kurs für einen Sturzflug in einem 30-Grad-Winkel berechnet wurde. Man beabsichtigte, die Luft/Luft-Bombenangriffe in einer Formation von vier Me 262 zu fliegen, 3000 Fuß über den Bombern, die frontal angesteuert wurden. Sechs einsitzige Me 262 wurden im Januar 1945 mit dem GPV 1 Visier ausgestattet und erhielten entweder eine AB 500 Bombe von 500 kg oder zwei SC 250 Bomben von 250 kg, mit denen die amerikanischen Bomberformationen angegriffen werden sollten. Berichte des Kommandos Stamp, der einzigen Einheit, die diese Art Mission fliegen sollte, zeigen einige Erfolge mit den AB 500 Bomben. Abschüsse sind indes nicht bekannt geworden.

Bei späteren Varianten der Jumo 004B-Serie konnte die Lebensdauer des Motors im Einsatz von 10 auf 25 Stunden erhöht werden (heute ist es nicht ungewöhnlich, daß ein großes Turbotriebwerk mehr als 20.000 Betriebsstunden läuft). Diese Motoren waren etwas leichter zu handhaben und ließen auch abrupte Beschleunigungsmanöver zu, ohne daß sie in Flammen aufgingen – eine Eigenschaft, mit der sich frühere Modelle bei den Piloten unbeliebt gemacht hatten. Im Januar 1945 wurde die zuvor in der Me 262V10 getestete, variable Steuersäule in einige Einsatzflugzeuge eingebaut. Durch diese Veränderungen war die Me 262 weitaus einfacher zu fliegen, vor allem auch von weniger erfahrenen Piloten.

Im Januar 1945 hatte die Luftwaffe mehr als 600 Me 262 abgenommen. Interessanterweise wurden die meisten Maschinen nach dem Abnahmeflug in ihre Einzelteile zerlegt und mit der Bahn zu ihren Einheiten transportiert. Als die Alliierten begonnen hatten, das deutsche Bahnnetz zu unterbrechen, erreichte eine beachtliche Zahl der Flugzeuge nicht ihren Bestimmungsort. Der Generalquartiermeister der Luftwaffe führte nur 61 Maschinen auf, die den Einsatzschwadronen zugeordnet waren:

I. Gruppe Kampfgeschwader (KG) 51; 27 Jagdbomber

II. Gruppe Kampfgeschwader (KG) 51; 25 Jagdbomber

Die zweite Me 262A-2a/U2 (Werk-Nr. 110555) unterschied sich nur dadurch geringfügig von der ersten, daß vor der Position des Bombardiers zwei Ausleger nach außen ragten. Der Bombardier lag hinter der Verglasung des Bugs flach auf dem Bauch und blickte durch ein Lotfe 7H-Visier. (Sammlung des Air Force Museums)

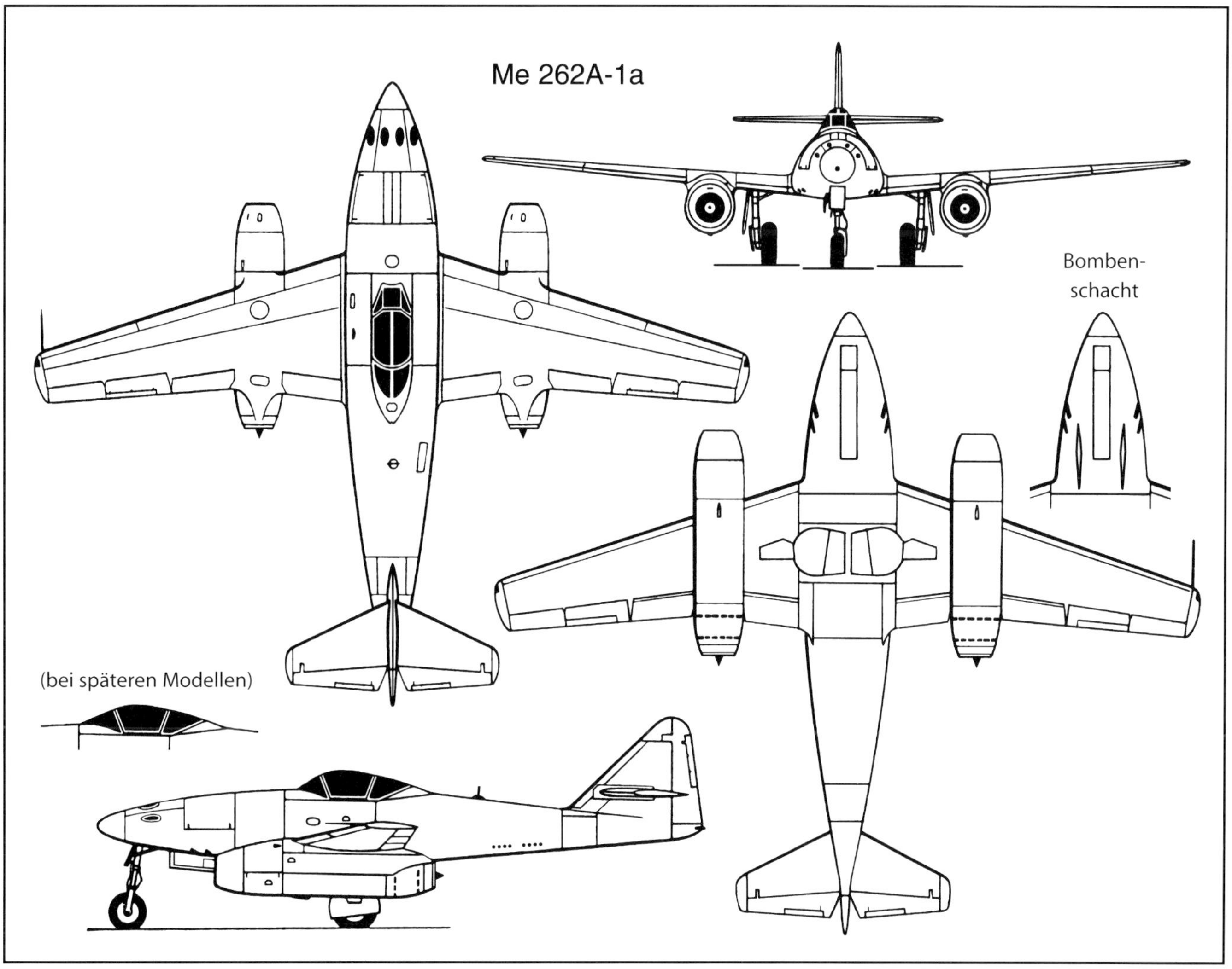

Die Standardversion der Me 262. Man vergleiche die Position des Hauptfahrgestells mit der der Me 262V1. Das Kabinendach der letzten Produktionsreihe wurde anscheinend nur bei sehr wenigen Maschinen eingebaut. Zwischen dem hinteren Bereich des Cockpits und dem Oberteil der Seitenflosse war grundsätzlich eine Drahtantenne angebracht (hier nicht zu sehen). (Dennis R. Jenkins)

10. Gruppe Nachtjagdgeschwader (NJG) 11 (das ehemalige EKdo Welter); 4 Nachtjäger

Nahaufklärungsgruppe (NAGr) 6 (ehemaliges Kdo Braunegg); 5 Aufklärer

Etwa dreimal so viele Maschinen gehörten zu Einheiten, die sich noch im Aufbau befanden; weitere 150 Maschinen waren bei Angriffen der Alliierten oder durch Unfälle zerstört worden. Es ist interessant festzustellen, daß der Generalquartiermeister kein einziges Tag-Jagdflugzeug als einsatzbereit aufführte, obwohl Hitler das Flugzeug zwei Monate zuvor für diese Aufgabe freigegeben hatte.

Die meisten neuen Einheiten waren innerhalb weniger Monate einsatzbereit. Am 3. März 1945 unternahmen die Me 262 Jagdeinheiten erstmals einen Angriff auf eine Bomberformation der Alliierten. 29 Jäger wurden zum Gegenschlag gegen amerikanische Angriffe auf Magdeburg, Braunschweig, Hannover und Chemnitz eingesetzt – die Ergebnisse sind widersprüchlich. Die Deutschen behaupteten, sechs Bomber und zwei Jagdflugzeuge abgeschossen zu haben, während eine einzige Me 262 zerstört wurde. Auf amerikanischer Seite wurde der Verlust von drei Bombern und sechs Jägern bekanntgegeben, jedoch kein Abschuß einer Me 262.

Mindestens ein Flugzeug wurde mit einem Paar 210 mm-Wurfgranaten (Wgr) 21 bestückt. Diese Luft/Luft-Raketen waren in Röhren unterhalb der Wikinger-Schiff-Einheit unter dem vorderen Rumpf montiert. Dies wurde vom Nebelwerfer übernommen, einem mehrläufigen Raketenwerfer, der bei den Bodentruppen eingesetzt wurde.

Nur eine Me 262A-1a (Werk-Nr. 130083, V083) wurde zum Einbau eines 50 mm Rheinmetall BK 5-Geschützes umgerüstet. Hierzu mußte das Bugfahrgestell stark verändert werden (man vergleiche die Fahrgestellklappen mit denen der Standardversion der Me 262). Die Bauweise der Me 262 führte zu vielen einmaligen Konstruktionen, weil das Bugsegment aus einer separaten Einheit bestand, die mit dem Rumpf verschraubt war. (Sammlung Jay Miller über das Luftfahrtausbildungszentrum)

Die Wgr 21 war aber für zielgenaue Operationen nicht schnell genug und kam daher gar nicht erst zum Einsatz. Eine weitaus zufriedenstellendere Lösung des Problems stellte die von Kurt Heber entwickelte Luft/Luft-Rakete R4M dar, die von der Deutschen Waffen- und Munitionsfabrik in Lübeck hergestellt wurde. Die 55 mm-Rakete R4M (Rakete-4KG-Minengeschoss) enthielt 500 Gramm des Sprengstoffs Hexogen und konnte verheerende Zerstörungen anrichten.

Von der Me 262A-1a/U4 wurden insgesamt zwei Exemplare gebaut (Werk-Nr. 111899 und 170083). Anstelle der bei der V083 verwendeten BK wurde ein 50 mm Rheinmetall-Mauser MK 214A-Geschütz eingebaut. Das zweite, hier abgebildete Exemplar, wurde von den Amerikanern sichergestellt, auf dem Flug in die USA jedoch zerstört. (Sammlung des Air Force Museums)

Ein weiteres Opfer des untauglichen Bugfahrgestells. Es handelt sich um eine Zwischenvariante des Me 262A-1a/U3 Aufklärungsflugzeugs. Zu beachten ist die abgedeckte Geschützluke auf der Seite des Rumpfes und das wieder angebrachte 30 mm-Geschütz in der Bugspitze. Klar zu erkennen sind auch die Filmmagazine für die beiden RB 20/30-Kameras und die Wölbung, in der sie untergebracht waren. (Sammlung des Air Force Museums)

Die Flugbahn der R4M war mit der Schußbahn des MK 108-Geschützes vergleichbar, daher konnte das herkömmliche Visier Revi 16B verwendet werden. Man konstruierte ein einfaches Abwurfgestell aus Holz, das 12 Raketen tragen konnte. Zur Standardbewaffnung der Me 262A-1b wurde jeweils ein Gestell pro Flügel

Die Me 262A-1a/U4 (Werk-Nr. 111899) erhielt wieder eine Schußkamera in der üblichen Position an der Bugspitze. Aufgrund der Installation des Geschützes im Prototyp V083 war die Kamera entfernt worden; daran läßt sich der Prototyp leicht von den später produzierten Flugzeugen unterscheiden. (Sammlung des Air Force Museums)

Die „Wilma Jeanne" war die zweite Me 262A-1a/U4 (Werk-Nr. 170083). Als Oberst Watson die Maschine übernahm, wurde sie in „Happy Hunter II" umbenannt. Das Flugzeug verunglückte beim Start im französischen Melun am 11. Juni 1945, als es nach Cherbourg gebracht werden sollte, um von dort aus in die USA transportiert zu werden. (Sammlung des Air Force Museums)

Die von den Amerikanern sichergestellte FE-111 war eine Zwischenlösung der Me 262A-1a/U3 Aufklärervariante. Das Flugzeug wurde ursprünglich „Dennis" genannt und befindet sich heute im National Air and Space Museum (NASM). Die Wölbung zur Unterbringung der Kameraausrüstung ist deutlich zu erkennen. Bei diesem Flugzeug wurde das 30 mm-Geschütz offensichtlich nicht installiert. (Sammlung des Air Force Museums)

montiert. Die gesamte Batterie von 24 Raketen wurden innerhalb von 0,03 Sekunden abgeworfen und verteilte sich auf den Raum, den ein viermotoriger Bomber in 5500 Metern Entfernung einnehmen würde.

Mit einer Me 262A-1b wurden Tests mit 17 Raketen pro Flügel durchgeführt. Man beabsichtige auch die Montage von 24 Raketen.

Am 18. März 1945 wurden 37 Düsenjäger gegen 1.221 Bomber gestartet, die von 632 Jägern begleitet wurden und Angriffe auf Berlin flogen. Während dieses Angriffs setzte die Me 262 erstmals die R4M Rakete ein – mit verheerenden Folgen. Bei einem Verlust von zwei Me 262 schossen die Deutschen 12 Bomber und zwei Jagdflugzeuge ab (amerikanische Berichte sprechen von nur acht Bombern).

Sehr hochentwickelt war die von Dr. Max Kramer entwickelte Rakete Ruhrstahl X4, die 60 kg wog und 1,80 Meter lang war. Diese Rakete wurde durch Impulse gesteuert, die das Trägerflugzeug mittels zweier Drähte übermittelte.

Der Abschuß der sowohl mit Kontaktzünder, als auch mit akustischen Zündern ausgestatteten X4, sollte aus einer Entfernung von 300 Metern erfolgen. Insgesamt vier X4 Raketen hätten unter den Flügeln der Me 262 montiert werden können; mit der Werk-Nr. 111944 wurden Stabilitätstests mit Raketenattrappen durchgeführt. Bis zum Ende des Krieges konnten jedoch keine echten Tests durchgeführt werden. Primär lag dies daran, daß die Fabrik, die den für die Rakete benötigten BMW-Brennstoffmotor 109-548 herstellte, durch alliierte Bombenangriffe zerstört wurde, bevor eine ausreichende Anzahl dieser Motoren produziert werden konnte.

Zu den weiteren für die Me 262 Bomberabfangjäger-Version bestimmten Waffen gehörte die R100/BS, eine 109 kg-Rakete, deren Gefechtskopf 400 Brandkugeln enthielt. Mit der Werk-Nr. 111944 wurden mehrere aerodynamische Tests vorgenommen, bei denen unter jedem Bombenmast eine R100/BS montiert war, die jedoch niemals gezündet wurden

Bei der Schwalbe wurden weitere Alternativen und zusätzliche konventionelle

„Lady Jess VI" war eine Me 262A-1a/U3 Zwischenvariante des Aufklärungsflugzeugs. Das Flugzeug wurde in die USA gebracht, wo ihm die Navy Bureau Number (BuNo) 121443 zugeteilt wurde. Es verunglückte am 7. November 1945 bei NAS Patuxtant River und wurde anschließend verschrottet.

1945 in Wright Field: Die Luftwaffe der US-Army stellt sichergestellte deutsche Flugzeuge aus. Im Vordergrund eine Me 262A-1a (Werk-Nr. 500491), dahinter eine Me 163 und eine Fw 190. Nicht erkennbar ist, daß bei der Schwalbe die Bugspitze, die Ruderspitze und der Rahmen der Windschutzscheibe rot gestrichen sind. Das Flugzeug steht heute im NASM. (Sammlung des Air Force Museums)

Waffensysteme getestet, weil die Standardausrüstung mit vier 30 mm-Geschützen vom Typ MK 108 nicht zufriedenstellend war. Die **Me 262A-1a/U1** hatte eine bugmontierte Waffenanordnung aus zwei 20 mm MG 151-Geschützen mit jeweils 146 Schuß, zwei 30 mm MK 108 mit 66 Schuß und zwei 30 mm MK 103 mit 72 Schuß. Im Vergleich zur MK 108 hatte die MK 103 eine längere Trommel und Mündungsgeschwindigkeit. Das Volumen der MK 103 und ihr Munitionszuführungssystem erforderte eine bauchig ausgewölbte Verkleidung auf beiden Seiten des Bugrumpfes. Diese Kombination dreier unterschiedlicher Waffensysteme wurde bei der Aufnahme der Produktion nicht mehr realisiert. Insgesamt wurden nur drei Flugzeuge vom Typ Me 262A-1a/U1 gebaut.

Eine schlagkräftigere Waffe war das 50 mm Rheinmetall BK 5, das in die Me 262A-1a (Werk-Nr. 130083) eingebaut wurde.

(Links und auf der gegenüberliegenden Seite) Die Me 262A-1a/U3 (Werk-Nr. unbekannt) wurde von den amerikanischen Streitkräften in Lechfeld geborgen. Nachdem sie in die USA gebracht worden war, verwendete man sie zu Leistungsvergleichen mit der Lockhead P-80. Bei diesen Tests wurde das Flugzeug gründlich überholt und man bemühte sich, die Außenhülle zu glätten, um den Luftwiderstand zu minimieren. Dabei wurde auch der gewölbte Bug des Aufklärers gegen den eines Jagdflugzeugs ausgetauscht. Die Maschine steht heute im The Planes of Fame Museum im kalifornischen Chino und trägt fälschlicherweise die Markierungen der Werk-Nr. 111617, die 1945 in der Nähe von München verschrottet wurde. (Sammlung des Air Force Museums)

Bei diesem im Januar 1945 aufgenommenen Projekt, für das Bruno Nitzacke die Verantwortung trug, wurde innerhalb eines Zeitraums von nur vier Wochen eine Maschine fertiggestellt. Das BK 5 wurde weit vor dem Schwerpunkt angebracht, deshalb mußte im hinteren Rumpf Ballast aufgenommen werden, wodurch die Geschwindigkeit des Flugzeugs auf 845 km/h herabgesetzt wurde. Erstaunlicherweise hatte diese Installation, einschließlich der etwa sieben Fuß über dem Rumpf liegenden Trommel, keine nachteiligen Auswirkungen auf die Handhabung der Me 262, auch wenn die Maschine bei jedem Abschuß der Waffe deutlich gierte. Das Bugrad mußte ebenfalls modifiziert werden, so daß es geschwenkt werden konnte, um flach unter der Waffe zu liegen. Durch die Installation des BK 5 war der Einbau der Schußkamera im vorderen Bug der Me 262 unmöglich. Zwar wurden zwei weitere Me 262A-1a Jäger mit dem BK 5 ausgerüstet, doch diese waren nur für Schußübungen am Boden bestimmt.

Der wahrscheinlich erfolgreichste Tag der Me 262 war der 31. März 1945. Bei insgesamt 38 Einzeleinsätzen gegen amerikanische und britische Bomber wurden 14 Bomber und zwei Jäger abgeschossen, ohne Verlustmeldung einer Me 262. Am Ende der ersten Aprilwoche hatte die Luftwaffe mehr als 1200 Me 262 abgenommen, doch weniger als 200 Flugzeuge kamen zum Einsatz:

Stab/Jagdgeschwader (JG); 5 Jagdflugzeuge

I. Gruppe Jagdgeschwader (JG) 7; 41 Jagdflugzeuge

III. Gruppe Jagdgeschwader (JG) 7; 30 Jagdflugzeuge

Jagdverband (JV) 44; ca. 50 Jagdflugzeuge

I. Gruppe Kampfgeschwader (KG) (J) 54; 37 Jagdflugzeuge

10. Gruppe Nachtjagdgeschwader (NJG) 11; ca. 9 Nachtjäger

I. Gruppe Kampfgeschwader (KG) 51; 15 Jagdbomber

II. Gruppe Kampfgeschwader (KG) 51; 6 Jagdbomber

Nahaufklärungsgruppe (Nagr) 6; 7 Aufklärer

Die Zahl der zum Kriegseinsatz abkommandierten Me 262 lag zu keinem Zeitpunkt über 200. Von 1000 weiteren gebauten Flugzeugen wurden mehr als die Hälfte von den Alliierten zerstört, wobei viele nicht einen einzigen Einsatz geflogen hatten. Weitere 100 Maschinen waren entweder Einheiten zugeordnet, die für den Kampfeinsatz vorbereitet wurden, oder Einheiten, die vom Kampfeinsatz zurückgezogen wurden. Die übrigen lagerten ungenutzt auf Abstellgleisen oder Flugplätzen.

55 am 10. April 1945 geflogenen Einsätze markieren die Höchstzahl innerhalb eines einzigen Tages. Die Deutschen konnten 10 amerikanische Bomber zerstören, doch 27 Düsenjäger – fast die Hälfte der aufgestiegenen Flugzeuge – wurden dabei vernichtet. Zum Ende des II. Weltkriegs hatten die Jäger der USAAF fast 100 Me 262 abgeschossen; die Jäger der britischen Royal Airforce verzeichneten 30 Abschüsse und weitere 10 gingen auf schwere Bomber zurück.

Nur eine Me **262A-1a/U2** (Werk-Nr. 170056, V056) wurde für Tests mit den Nachtjägerkonzepten im Bug mit einem FuG 220 Liechtenstein SN 2-Radar und einer Hirschgeweih-Antennenanlage ausgestattet. Karl Baur flog die V056 mit verschiedenen am Bug montierten Antennenanlagen sowie vertikalen Flügelantennen, um Informationen über das Verhalten der Antennen bei Hochgeschwindigkeit zu gewinnen. Außerdem sollten diese Flüge zeigen, ob die Antennen voll funktionsfähig blieben, wenn die vier 108 mm-Geschütze abgefeuert wurden. Das Flugzeug wurde später dem Kommando Welter zugeordnet, wo es bis zur Lieferung der regulären Me 262B1a/U1 Nachtjäger mit einigem Erfolg zum Einsatz kam. Im Februar 1945 wurde das FuG 220 durch eine Versuchsversion des experimentellen Radar FuG 226 ersetzt. Doch kurz darauf wurde das Flugzeug bei einer mißglückten Landung stark beschädigt, ohne daß relevante Tests durchgeführt worden waren.

Im Frühjahr 1945 wurde noch eine weitere Einheit gebildet: das Einsatzkommando Braunegg eine Foto-Aufklärungseinheit, die über Bf 109Gs und **Me 262A-1a/U3** verfügte. Dabei handelte es sich um modifizierte Jagdflugzeuge, bei denen die Bewaffnung entweder durch zwei RB 20/30-Kameras oder durch jeweils eine RB 20/30 und eine RB 75/30 ersetzt wurde, die neben dem Reifenschacht des Bugfahrgestells montiert waren.

Als die Me 262A-1a des Air Force Museums während der 50er und 60er Jahre auf dem Freigelände stand, trug sie ein sehr simples Farbschema. Trotz einiger Korrosionsschäden, maßgeblich im Bereich des Stahlbugs, war das Flugzeug in gutem Zustand. Leider ist die Werk-Nr. dieses Flugzeugs unbekannt. (Sammlung des Air Force Museums)

Hier ist die Me 262A-1a des Air Force Museums während der Tests im NAS Patuxtant River am 2. August 1946 zu sehen. Die Navy teilte der Maschine die BuNo 12442 zu, obgleich ihr Watson's Whizzers den Namen „Screemin' Meemie" gegeben hatten. Bis zum 31. Januar wurde das Flugzeug für Tests der Navy verwendet. Vermutlich 1957 wurde es aus dem Flugzeugdepot in Pax River gerettet und in das Museum gebracht.

Eine Me 262 verläßt die Endmontage in einer der „Waldfabriken". Von hier aus wurde die Maschine eine kurze Strecke geschleppt, um Waffen- und Motortests durchzuführen, und anschließend auf die Autobahn gebracht, wo sie zum Auslieferungsflug startete. (Sammlung des Air Force Museums)

Eine bei alliierten Bombenangriffen zerstörte Me 262A-1a. Das linke Triebwerk wurde entfernt, möglicherweise, um es in ein anderes Flugzeug einzubauen. (Sammlung des Air Force Museums)

Eine Me 262A-1a aus der Serienproduktion vor der Auslieferung an die Luftwaffe. Bei den Buchstaben auf dem Rumpf handelt es sich nicht um die Identifikationsnummer des Geschwaders, sondern um Funkrufnummerierungen für die Werkstests. (Sammlung des Air Force Museums)

In den Boden des Cockpits wurde ein Glasfenster eingelassen, damit der Pilot sehen konnte, was er fotografierte. Einige Maschinen erhielten neben der Kamera zusätzlich ein 30 mm MK 108-Geschütz. An jeder Seite des Rumpfes wurde eine Wölbung angebracht, vergleichbar mit der Me 262A-1a/U1, in der das Filmmagazin der Kameras Platz fand.

In einem Bug, der baugleich mit dem für die Montage der 50 mm BK 5 war, wurden Konstruktionsstudien für die Installation der 55 mm MK 114 unternommen. Die Pläne zur Anbringung dieser Waffe wurden zu Gunsten des 50 mm-Rheinmetall-Mauser Hochgeschwindigkeitsgeschützes MK 214A verworfen, das in zwei Me 262A-1a (Werk-Nr. 111899 und 170083) installiert wurde, die in **Me 262A-1a/U4** Pulkzerstörer umbenannt wurden. Dabei handelte es sich um eine umgebaute Version der ursprünglich für den Einbau in leichte Panzer entwickelten Kanone, die ein 1,5 kg schweres Projektil über 1000 Meter abfeuern konnte. Anstelle der ursprünglichen vier 30 mm-Kanonen in einem leicht umgearbeiteten Bug montiert, brachte es die Kanone auf 150 Schuß pro Minute; selbst ein einzelner Treffer hätte vermutlich ausgereicht, einen schweren Bomber zu zerstören. Im Unterschied zum ursprünglichen Prototyp der BK 5, erhielt dieser die normale Bug-Schußkamera. Das installierte Rückschlagsystem war so effektiv, daß fast keine Übertragung auf das Flugwerk entstand – Nachkriegstest ergaben, daß der Pilot das Abfeuern kaum wahrnahm.

Die Messerschmitt-Piloten Hoffmann, Baur und Lindner und der Luftwaffen-Major Herget flogen im März und April 1945 den Pulkzerstörer während der Tests in Lechfeld.

Eine Me 262A-2a in der Nähe der Autobahn bei Leipheim (1945). Das Werk hat die Maschine mit einem einfachen Tarnanstrich versehen. (Sammlung des Air Force Museums)

Eine Me 262A-1a des Erprobungskommandos 262. Die große „4" und das Band um den Rumpf direkt hinter dem Cockpit waren gelb. Das linke Triebwerk war einige Tage zuvor ausgetauscht worden, weil es bei einem Startversuch zuviel Schlamm von der Rollbahn aufgenommen hatte. Der Farbunterschied ist dadurch zu erklären, daß die Motorabdeckung üblicherweise mit dem Triebwerk ausgetauscht wurde. (Sammlung des Air Force Museums)

Die Me 262A-1a (Werk-Nr. 500491) nach ihrer Sicherstellung in Lechfeld. Ursprünglich nannte man sie die „Gelbe 7" nach der Nummer IV./JG7. Später erhielt sie von den Whizzers die Nummer 888 und den Namen Ginny H. (Sammlung von Jay Miller über das Luftfahrtausbildungszentrum)

Die zweite Me 262A-1a/U4 (Werk-Nr. 170083) wurde von den Amerikanern sichergestellt, doch sie verunglückte am 18. Juli in der Nähe von Cherbourg auf einem Transportflug.

Die Deutschen hatten zehn MK 214A fertiggestellt und bei Ötztal entdeckten US-Bodentruppen Bauteile für ca. 60 weitere Geschütze.

Nur eine einzige **Me 262A-1a/U5** (Werk-Nr. 111355) wurde für Tests mit einer 30 mm MK 108 mit 80 Schuß pro Minute gebaut. Doch die Probleme mit der Blockade des Zuführungssystems, das bei fast allen MK 108 auftrat, konnte nicht gelöst werden.

Anfang Januar 1945 erhielten über 150 **Me 262A-1b**-Jäger ein neues EZ 42 Visier der Askania-Werke, das das Pendant der Luftwaffe zum amerikanischen K 14 in der P-51D war. Das Sichtraster war jedoch normalerweise in einer Position fixiert, so daß es im Prinzip wie das alte Revi 16B funktionierte.

Für diese Me 262A-1b-Jäger waren ebenfalls Vorrichtungen für 24 R4M-Luft/Luft-Raketen unter den Flügeln vorgesehen, doch ansonsten unter-

Eine Standartversion der Me 262A-1a mit zurückversetzten Flügeln. Diese Maschine trägt einen Tarnanstrich, was darauf hindeutet, daß sie gegen Ende des Krieges in einer der „Waldfabriken" hergestellt wurde. (Sammlung von Jay Miller über das Luftfahrtausbildungszentrum)

Die Bombenabwurfvorrichtungen unter dem Vorderrumpf dieser Me 262A-2a sind leer, außerdem sind nur die beiden unteren 30 mm-Geschütze installiert. Auch wenn es aus der Messerschmittdokumentation nicht hervorgeht, waren bei zahlreichen Einsatzflugzeugen vom Typ ME 262 die beiden oberen Geschütze entfernt worden, weil man hoffte, dadurch die Schwerpunktlage zu verbessern. Die Geschützöffnungen wurden mit Stoff abgedeckt. (Sammlung des Air Force Museums)

Bei der Me 262A-1a/U2 (Werk-Nr. 170056, V056) wurde versuchsweise ein Lichtenstein SN 2-Radar eingebaut, um das Nachjägerkonzept zu testen. Die V056 flog mit unterschiedlichen Antennenaufbauten, weil man herausfinden wollte, welche die Leistungen der Maschine am wenigsten beeinflußte. Die hier gezeigte Radarantennenanlage ist nicht mit der der Produktionsvariante der Me 262B-1a/U1 Nachtjäger identisch. Sie ist um 25 Grad stärker geneigt als die der Serienflugzeuge und geringfügig anders geformt. (Sammlung des Air Force Museums)

Die Me 262A-1a im The Planes of Fame Museum im kalifornischen Chino nach ihrer Restaurierung. Leider geht aus den Dokumenten nicht hervor, wie die Werk-Nr. dieses Flugzeugs ursprünglich lautete. Es wurde berichtet, daß der Bug dieses Flugzeugs gegen den der Me 262 aus dem Air Force Museum ausgetauscht wurde, nachdem beide Flugzeuge in die USA kamen. (Sammlung von Jay Miller über das Luftfahrtausbildungszentrum)

schied sich ihr Aufbau kaum von dem der 262A-1a

Hier muß angemerkt werden, daß einige Quellen die Me 262A-1b (wie oben beschrieben) entweder als Standard Me 262A-1a einordnen oder als **Me 262A-1a/R1**, und die Bezeichnung Me 262A-1b einer niemals gebauten Produktionsreihe mit einem BMW 003A-Motor zuordnen, die baugleich mit der oben beschriebenen V078 war. Es ist anzunehmen, daß dies nicht richtig ist und die hier wiedergegebenen Benennungen korrekt sind.

Eine einzelne Me 262A-1b (Werk-Nr. 170078) wurde im Dezember 1944 von Karl Baur und Gerd Lindner bei dem Versuch geflogen, die Flugqualifikation des BMW 003A-1 festzustellen. Dabei wurde festgestellt, daß dieses Triebwerk dem in der Serienproduktion verwendeten Jumo 004 noch immer unterlegen war. Tatsächlich durchliefen vier unterschiedliche BMW-Motoren das Flugtestprogramm, aber alle mußten aufgrund verschiedener Defekte ausgewechselt werden. Bei der Flugzeugserienproduktion sollten weiterhin Jumo-Motoren eingesetzt werden, wenngleich die Entwicklung des BMW-Motors weiterverfolgt wurde.

Die Jagdbomberversion der Me 262, die zur Unterscheidung von den rein als Jagdflugzeug gebauten Maschinen den Namen Sturmvogel erhielt, verließ die Montagehallen ab Juli 1944. Die ursprüngliche Untervariante **Me 262A-2a** unterschied sich von der Me 262A-1a allein darin, daß sie mit Bombenzündern und einem Paar Bombenträgern ausgestattet war, an denen zwei 250-Kilo-Bomben oder eine einzelne 500-Kilo-Bombe hängen konnten. Bei den Träger unter dem Rumpf handelte es sich entweder um Wikinger-Schiff-, ETC 504- oder Schloss 503- Bombenaufhängevorrichtungen. Ein zusätzlicher Rumpf-Treibstofftank wurde hinter dem Cockpit angebracht, und das Startgewicht wurde um etwa 315 kg erhöht. Bombenangriffe sollten in einem Sturzflug von 30 Grad bei einer Geschwindigkeit von 850 bis 1340 km/h ausgeführt werden, wobei der Pilot die Maschine rund 1000 bis 1100 Meter vor dem Bombenabwurf in die Normallage zurückbrachte.

Zwei Flugzeuge (Werk-Nr. 130170 und 128188) wurden mit einer Zeiss Tief- und Sturzfluganlage (TSA) im vorderen Bug ausgerüstet und nach Rechlin gebracht, wo sie unter der Bezeichnung **Me 262A-2a/U1** für Versuchszwecke eingesetzt wurden. Bei diesen Maschinen entfernte man die beiden unteren MK 108, um Platz für die TSA zu schaffen.

Zwei weitere Flugzeuge (Werk-Nr. 130164 und 170070) wurden mit verbesserten TSA-2A-Systemen ausgerüstet, doch ehe konkrete Testergebnisse feststanden, gab Hitler den Bau des Me 262-Jägers frei, und das Interesse an den Bomberversionen ging schnell verloren.

Auch wenn die außen montierten Bomben die Fluggeschwindigkeit der Me 262 so stark verminderten, daß sie von konventionellen Jägern abgefangen werden konnte, waren die Spitzengeschwindigkeiten des Sturmvogels beim Sturzflug ausreichend, um dem Einsatzzweck gerecht zu werden. Die Ergebnisse der Bombardements waren so zielgenau wie die der Fw 190. Ein Nachteil der Me 262A-2a war der, daß man bei hoher Geschwindigkeit kleinere Ziele nicht erkennen konnte. Die herkömmliche Praxis bestand darin, das Ziel anzufliegen, bis es unter dem Backbord- oder Steuerbord-Motor verschwunden war, um dann zur Sturzflugattacke anzusetzen. Hierzu war es notwendig, den hinteren Tank zu entleeren, bevor der Sturzflug beendet war, weil das Flugzeug sonst hecklastig gewesen wäre und der Bug angehoben wurde, wenn die Bomben gezündet waren.

Bei dem Versuch, die Zielgenauigkeit der Bomben zu verbessern, wurde im Oktober 1944 ein Flugzeug (Werk-Nr. 110484) umgebaut, um ein Lotfe 7H-Kreiselvisier einzubauen. Es wurde anschließend in **Me 262A-2a/U2** umbenannt. Für dieses Bombervisier war die Unterbringung eines zweiten Besatzungsmitglieds notwendig, daher mußte die gesamte Kanonenausrüstung entfernt und ein neuer Bugraum aus Holz und Plexiglas eingebaut werden. So konnte der Bombenschütze auf dem Bauch liegend das Ziel mit dem Lotfe 7H-Visier anvisieren. Zur Bewaffnung sollten die standardmäßig von der Me 262A-2a getragenen Bomben verwendet werden. Anfang Januar 1945 kam zu der V484 die genauso ausgestattete V555 (Werk-Nr. 110555). Bald darauf wurden beide Flugzeugen mit dem Siemens-Autopiloten K22 ausgerüstet.

Eine einsitzige Avia S-92 im Luft- und Raumfahrtmuseum in Kbeli. Dieses Flugzeug wurde aus einer nicht fertiggestellten Me 262A-1a zusammengebaut und mit Jumo 004B-Motoren ausgerüstet. Ursprünglich war geplant, das Flugzeug mit einem verbesserten Fahrgestell und BMW 003-Motoren auszustatten, doch dies wurde verworfen, nachdem sich kostengünstigere Bezugsmöglichkeiten für sowjetische MiG Jagdflugzeuge ergeben hatten. (Sammlung von Jay Miller über das Luftfahrtausbildungszentrum)

Tests von Karl Baur und Gerd Lindner ergaben, daß das System für seine Zwecke geeignet sein würde. Aber dann entschied man sich doch für die Ar 234-Version.

Es wurden einige Anstrengungen unternommen, die Me 262 für Bodenangriffe tauglich zu machen, doch das Flugzeug war für diese Zwecke schlecht gerüstet. Die MK 108 erzielt eine so niedrige Mündungsgeschwindigkeit, daß der Angriff aus einer Höhe von weniger als 1500 Fuß ausgeführt werden mußte. Zudem war die Munition von nur 360 Schuß bezogen auf die Aktionsreichweite des schnellfliegenden Düsenjets deutlich zu knapp bemessen. Ferner konnte die reduzierte Bewaffnung das Flugzeug nicht gegen Bodenbeschuß schützen. Diese Mängel führten zum Bau der **Me 262A-3a,** die ausschließlich für die Unterstützung des Bodenkampfs bestimmt war. Die Standardbewaffnung und Munitionskapazität wurden beibehalten, außerdem wurden die Treibstofftanks, der Boden und die Seitenwände des

Zwei SC 250-Bomben (250 Kg) unter einer Me 262A-2a. Bei der einen Bombe sind die Leitwerke mit dem vollständigen Rahmen versehen, der bei der anderen fehlt. Dies war die typische Bombenladung der Me 262, obgleich sie statt dessen auch zwei 500-kg-Bomben oder eine von 990 kg tragen konnte. (Sammlung des Air Force Museums)

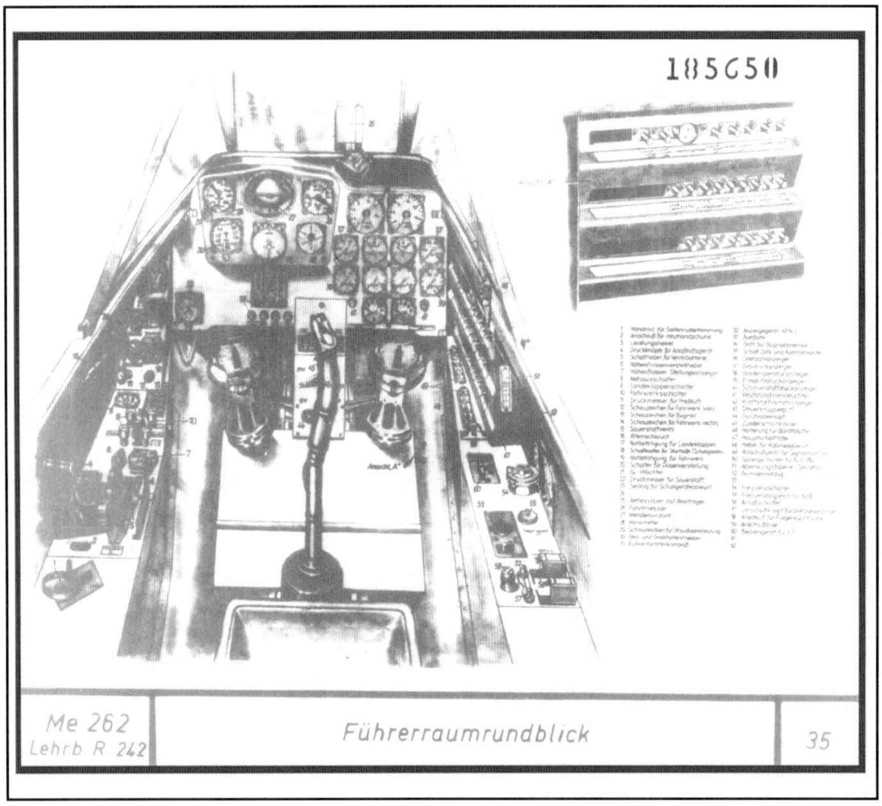

Eine Darstellung aus dem original Pilotenhandbuch der Me 262A-2a. Im Vergleich zu Dokumenten der USAAF oder der RAF war dieses Handbuch sehr oberflächlich, obwohl man schließlich daraus lernen sollte, wie das komplexeste Jagdflugzeug seiner Zeit zu fliegen war. Da jedoch erfahrene Kader in jeder Schwadron den Neueinsteigern halfen, lag die Fehlerquote der Piloten kaum höher als bei den Gegnern. (Sammlung des Air Force Museums)

Cockpits verstärkt. Dieser Bautyp ging erst gar nicht in Serienproduktion, da nicht einmal ein Prototyp fertiggestellt werden konnte.

Die Aufklärervarianten wurden bereits im September 1941 diskutiert, und ein mit Kameras ausgerüstetes Rumpfmodell wurde am 5. Februar 1942 vom RLM inspiziert. Eines der ursprünglich vorproduzierten Flugzeuge sollte zu einem Prototypen des Aufklärers umgebaut werden, doch dieses Vorhaben geriet aufgrund anderer Ereignisse in Vergessenheit. Einige Berichte besagen, daß ein unbewaffnetes taktisches Aufklärungsflugzeug die Bezeichnung **Me 262A-4a** erhalten sollte, aber es wurde kein schlüssiges Material entdeckt, um dies zu belegen.

Der **Me 262A-5a**-Aufklärer, erstmals am 21. Februar 1945 vermerkt, war eine verbesserte Version der Zwischenlösung Me 262A-1a/U3. Das Flugzeug hatte zwei nebeneinander montierte Kameras, entweder beide vom Typ RB 50/30 oder eine RB 20/30 und eine RB 75/30. Ein kleines Beobachtungsfenster wurde in den Boden des Cockpits eingelassen, und die Bewaffnung war auf zwei MK 108 mit jeweils 65 Schuß reduziert. Die Me 262A-5a erhielt auch wieder die Bombenmasten des Sturmvogels, die zum Tragen von zwei Treibstofftanks · 300 Liter oder einem von 600 Liter Inhalt benutzt wurden. Gegen Kriegsende befand sich ein einziger Prototyp in der Konstruktionsphase.

Die Bombensteuerung der Me 262A-2a befand sich unter den Flugkontrollen zwischen den Beinen des Piloten. Die Ausführung der Instrumente unterschied sich bei verschiedenen Varianten der Me 262 zum Teil erheblich, da sie offenbar nach Lagerbestand bestückt wurden.

Die Me 262 in Farbe

Seltene Farbaufnahmen der Me 262

Man kann sich heute kaum vorstellen, daß die Farbfotografie während des Weltkriegs wenig verbreitet war. In Deutschland war es damals so gut wie unmöglich, Farbfilme zu kaufen.

Falls man sich Filme beschafft hatte, waren sie von schlechter Qualität. Deshalb existieren relativ wenige Farbaufnahmen der Me 262.

Die meisten vorliegenden Farbfotografien der Me 262 zeigen Museumsmaschinen, es handelt sich also durchweg um nicht zeitgenössische Aufnahmen.

Auf der hier gezeigten Bilderserie sind sowohl die original Me 262 des Air Force Museums, als auch Tischler-Repliken zu sehen, die im Sommer 1996 fotografiert wurden.

Da viele Me 262 nicht lackiert waren, wenn sie die „Waldfabriken" verließen, oblag diese Aufgabe den jeweiligen Einheiten. Deshalb ist es schwierig, das authentische Farbschema zu bestimmen. Der Tarnanstrich dieser Me 262A1 war nicht weit verbreitet, wurde aber bei Flugzeugen verschiedener Schwadronen immer wieder beobachtet. (Sammlung des Air Force Museums)

Die drei ersten Tischler-Flugzeuge in verschiedenen Fertigungsstadien. Die Verwendung von Sperrholz im Bug ist authentisch. (Dennis R. Jenkins)

Die Drahtantenne für Kurzwellenfunk war zwischen dem Oberteil des hinteren Kabinendachs und der Spitze der Seitenflosse gespannt. (Dennis R. Jenkins)

Das Cockpit des ersten Tischler-Flugzeugs. Die einzige Konzession zugunsten der modernen Technologie (von den Motoren abgesehen) ist der fehlende Bombenzünder.

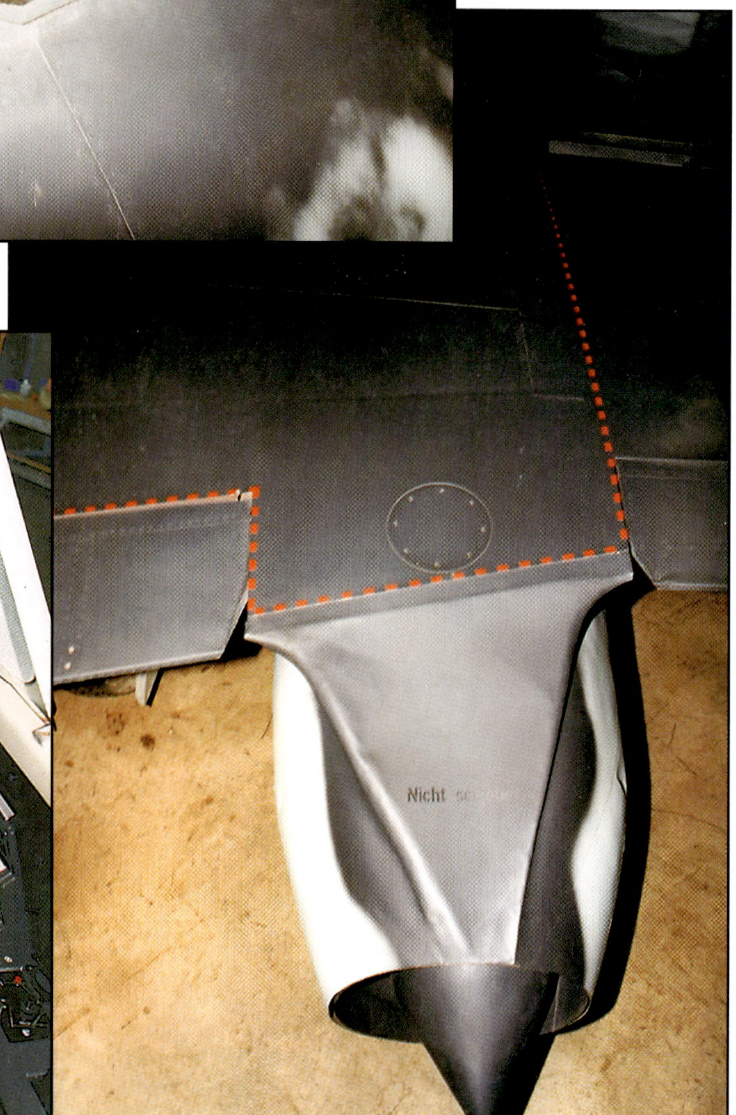

Der Zwiebel-Auspuffkonus am hinteren Ende des rechten Triebwerks. Ursprünglich wurde dieser Konus durch den Piloten von Hand eingestellt, doch spätere Modelle (wie das hier gezeigte des Air Force Museums) verfügten über automatische Einstellmechanismen. (Dennis R. Jenkins)

Die Auswurfleitbleche der 30 mm MK 108 an der ersten Tischler-Maschine. Ein zweites Paar solcher Bleche findet sich auf der anderen Seite des Rumpfes. Hinter den Auswurfleitblechen befindet sich der Bugradschacht. Die größere Öffnung weiter rechts bietet Zugang zum vorderen Treibstofftank. (Dennis R. Jenkins)

In der Flugzeugfabrik nimmt der Rumpf des ersten Tischler-Flugzeugs Gestalt an. Die große entfernbare Platte ermöglicht den Zugriff auf das Steuergestänge sowie die Kompaß- und Funkausrüstung im hinteren Rumpf. (Dennis R. Jenkins)

Die rechte Triebwerkgondel des Flugzeugs im Air Force Museum. Der Anlasser des Jumo 004B befand sich im Stutzen der Gondel. (Dennis R. Jenkins)

Der mittlere und hintere Rumpf des zweiten Tischler-Flugzeugs. Bei diesem Zweisitzer ist der Rahmen des Kabinendachs beinahe fertig. Die Schraubbohrungen zur Anbringung des Vorderteils sind an den unteren Ecken des Rumpfdreiecks zu erkennen. (Jay Miller)

Das dritte, vierte und fünfte Tischler-Flugzeug. Das Ruder und die Seitenflosse des fünften Flugzeugs sind zwar bereits montiert, doch müssen sie wieder entfernt werden, weil das Höhenruder noch nicht befestigt wurde. Wahrscheinlich wurden sie nur zu Einpaßzwecken angebracht. (Dennis R. Jenkins)

Ein echter Jumo 004B in einer Spannvorrichtung der Texas-Flugzeugfabrik. Der Motor wurde verwendet, um Formen zum Guß von Repliken zu fertigen, in die man die General Electric J-85 Triebwerke einbaut, mit denen die Tischler Flugzeuge ausgestattet werden. (Jay Miller)

NACHTSCHWALBEN

NACHTJÄGER VERTEIDIGEN DAS REICH

Die Pilotenausbildung – oder besser gesagt, der Mangel daran – entwickelte sich im Zusammenhang mit der Me 262 schon bald zu einem Problem. Auch wenn sie für erfahrene Piloten nicht schwer zu fliegen war, hatte sie doch ihre Besonderheiten. Besonders betroffen waren davon unerfahrene Piloten, die gerade erst ihre Flugausbildung auf Kolbenmotorflugzeugen absolviert hatten. Anfänglich war das Erprobungskommando 262 in Lechfeld für die Pilotenschulung zuständig. Die Verluste waren groß, obwohl überraschenderweise nur ein Fünftel aller Trainingsunfälle mit der Me 262 auf Pilotenfehler zurückzuführen waren. Die restlichen Unfälle beruhten auf defekten Fahrgestellen, Motorenproblemen oder Konstruktionsfehlern. Trotzdem wurde entschieden, das Training durch den Einsatz einer zweisitzigen Variante mit Doppelsteuerung zu verbessern. Messerschmitt entwickelte die **Me 262B-1a**, ein zur Trainigsmaschine umgebautes einsitziges Me 262A-1a-Jagdflugzeug von Blohm & Voss.

Die Me 262B-1a besaß anstelle des hinteren Treibstofftanks einen zweiten Sitz für den Ausbilder, unterschied sich jedoch ansonsten kaum vom herkömmlichen Einsitzer. Statt dessen wurden hinter dem zweiten Sitz kleinere Treibstofftanks mit 400

Die Me 262B-1a/U1 (Werk-Nr. 110306) bei einer Ausstellung in Washington D.C. am 1. August 1946. Das Flugzeug war zu diesem Zeitpunkt noch immer flugbereit, doch der Hirschgeweih-Radar-Aufbau war aus dem Bug entfernt worden, wie vermutlich auch die gesamte Rardarausrüstung selbst. Es handelt sich um die FE-610, die in T2-610 umbenannt wurde. Von diesem Flugzeug wurde zuletzt in den frühen 50er Jahren berichtet, als es sich an der Universität Cornell befand. (Sammlung des Air Force Museums)

und 260 Litern Inhalt eingebaut und an den Wikinger-Schiff-Trägern unter dem Vorderrumpf Vorrichtungen für zwei 300-Liter-Zusatztanks angebracht. Eine vollständige Doppelsteuerung wurde eingebaut, aber insgesamt kamen nur 15 dieser Trainingsmaschinen zur Auslieferung.

Anfang September wurden Anstrengungen unternommen, einen mit Radar ausgestatteten **Me 262B-1a/U1**-Nachtjäger zu entwickeln, der auf dem zweisitzigen Me 262B-1a-Übungsflugzeug basierte. Der Entschluß, die Me 262 im Nachtkampf einzusetzen, folgte einer Reihe von Versuchen bei Rechlin im Oktober 1944 mit der Me 262A-1a/U2 (V056), die mit einem Lichtenstein SN-2 (FuF 220) Abfangradar und vier Hirschgeweih-Antennenanlagen ausgestattet war. Messerschmitt setzte den Bau einsitziger Jagdflugzeuge fort, die erst zum Umbau in Zwei-

Diese Me 262B-1a/U1 (Werk-Nr. 110306) befindet sich im Originalzustand. Die Hirschgeweih-Radar-Anlage sitzt immer noch am Bug, die beiden Abwurftanks hängen unter dem Rumpf. Die Nummer FE-610 wurde von den Whizzers in „999" und der Name zu „Ole Fruit Cake" geändert. (Sammlung des Air Force Museums)

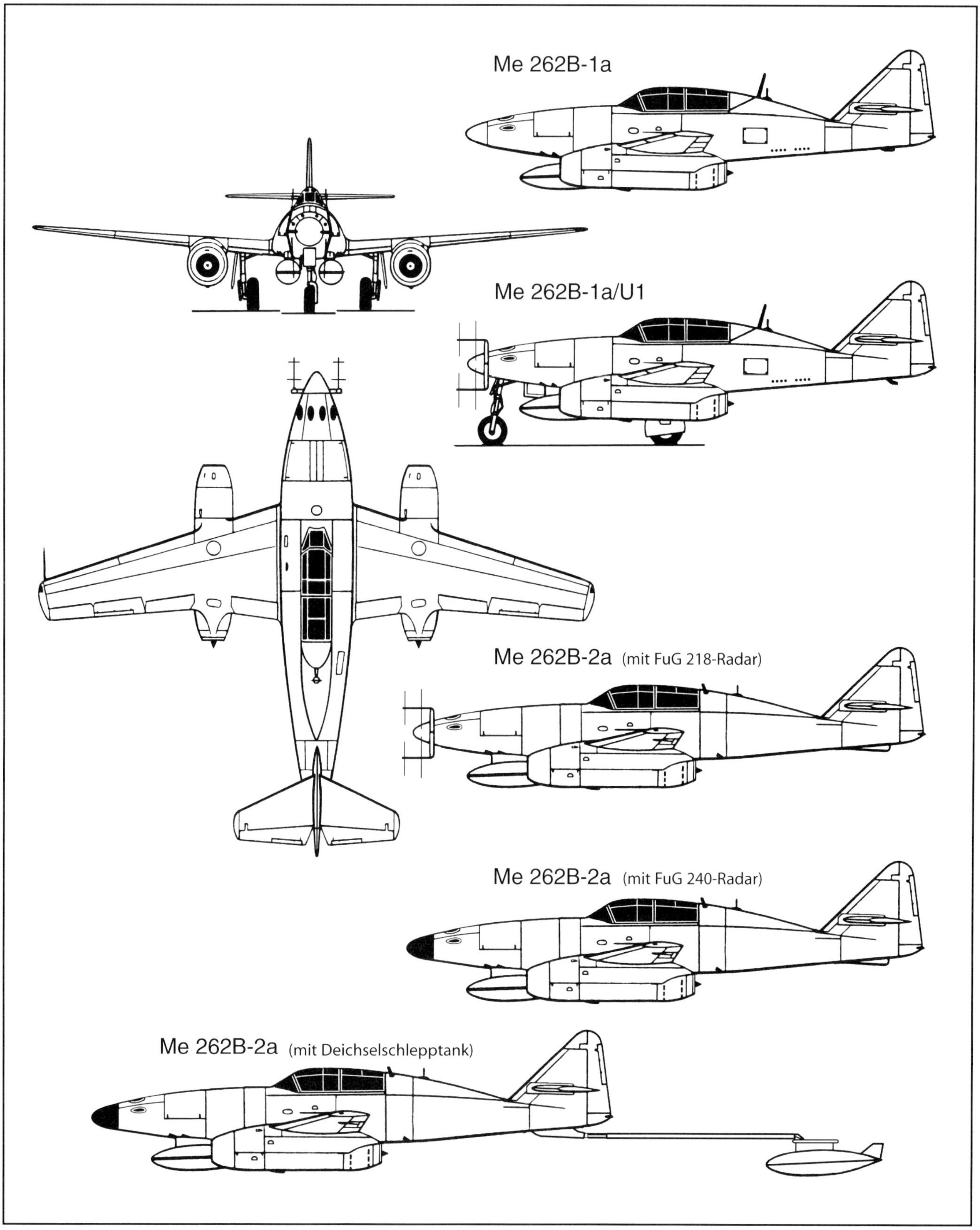

Die Me 262B ist aufgrund des verlängerten Kabinendachs und der beiden Sitze die am einfachsten zu identifizierende Variante. Die B-2a besaß einen gestreckten Rumpf mit zusätzlichen Elementen vor und hinter dem Cockpit. Zu beachten sind die beiden aufwärts gerichteten 30 mm-Kanonen bei der B-2a Variante. (Dennis R. Jenkins)

Die Me 262B-1a/U1 (Werk-Nr. 110306) FE-610 wurde zur T2-610, obwohl das Logo der Whizzers noch immer auf dem Bug zu erkennen ist. Die Hirschgeweih-Anlage auf dem Bug wurde entfernt, um die Geschwindigkeit des Flugzeugs zu erhöhen und das Handling während der Flugtests zu vereinfachen. (Erwin Bulban aus der Sammlung von Jay Miller über das Luftfahrtausbildungszentrum)

Ein Nachtjäger Me 262B-1a/U1 (Werk-Nr. 110306) kapitulierte im Mai 1945 vor britischen Truppen bei Schleswig und wurde der USAAF als „USA2" zugeteilt. Danach gaben ihr die Whizzers die Nummer 999 und den Namen „Ole Fruit Cake". Bei der Ankunft in Freeman Field 1945 wurde daraus die FE-610, die später in T2-610 umbenannt wurde. (Erwin Bulban aus der Sammlung von Jay Miller über das Luftfahrtausbildungszentrum)

Beim Prototyp des Me 262C-1a Heimatschützer I. (Werk-Nr. 130186) wurde im hinteren Rumpf ein Walter R II-211/3-Motor (HWK 509A-1) montiert, um die Aufstiegsgeschwindigkeit zu verbessern. Die Rakete entwickelte für drei Minuten eine Schubkraft von 1.700 kp; so konnte das Flugzeug in 4,5 Minuten auf 26.250 Fuß zu steigen. (Erwin Bulban aus der Sammlung von Jay Miller über das Luftfahrtausbildungszentrum)

sitzer an Blohm & Voss geliefert wurden und anschließend zu den Hauptwerkstätten der Deutschen Lufthansa in Berlin Staaken, wo man sie zu Nachtjägern umrüstete.

Die zuletzt beschriebenen Arbeiten betrafen insbesondere die Installation des FuG 218 Neptun V-Radarsystems mit einer Hirschgeweihanlage und eine kleine Veränderung der Treibstoffzuführung. Die Anzeige- und Kontrollgeräte des Radars wurden im hinteren Teil des Cockpits anstelle der Kontrollgeräte für den Ausbilder untergebracht. Der Strömungswiderstand der Hirschgeweih-Antenne war so hoch, daß die Geschwindigkeit des Flugzeugs um 60 km/h vermindert wurde, womit es aber immer noch schneller war als die Jagdflugzeuge der Alliierten. Messerschmitt betrachtete dieses Modell als Zwischenlösung für die noch ausstehende Entwicklung der als Nachtjäger bestimmten Me 262B-2a. Das Kommando Welter war die einzige Nachtjäger-Einheit der Luftwaffe, die mit der Me 262 ausgerüstet wurde. Bis zum Ende des Krieges er-

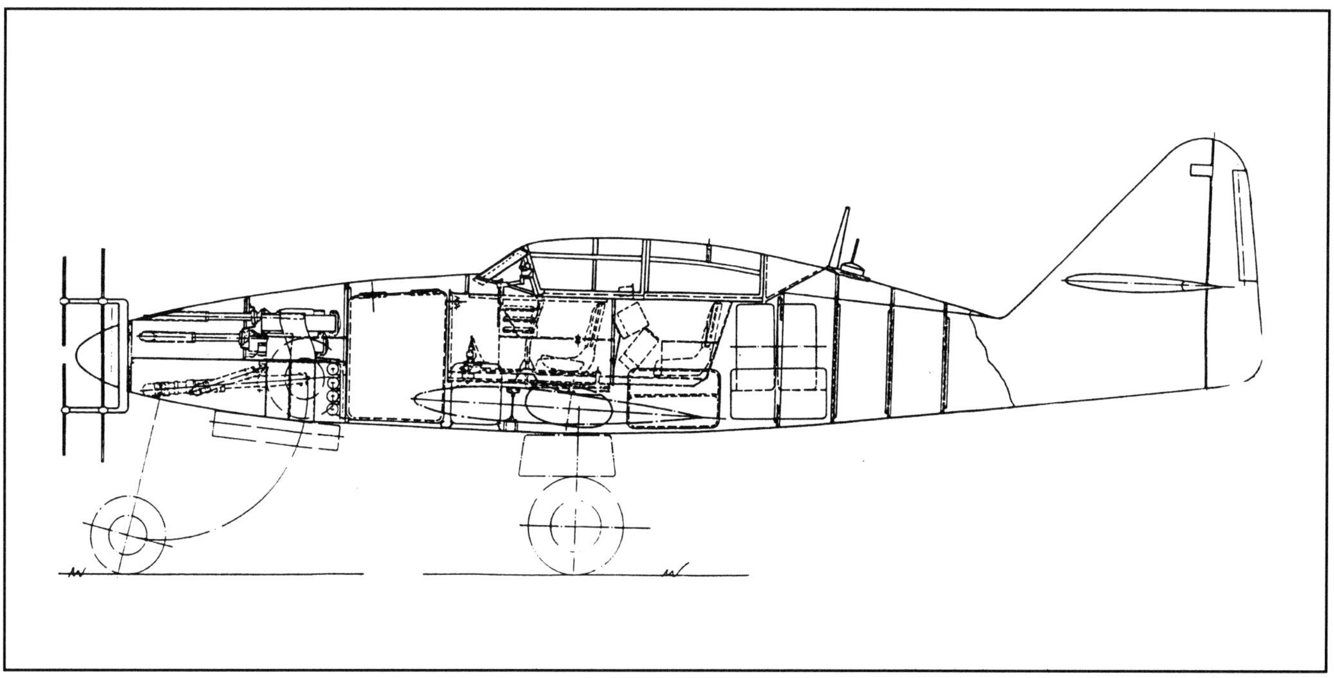

Der Innenaufbau der Nachtjägervariante der Me 262B-1a/U1. Das Bild entspricht den Originalzeichnungen von Messerschmitt. (Dennis R. Jenkins)

hielt sie weniger als ein Dutzend Me 262B-1a/U1.

Während es sich bei der Me 262B-1a/U1 um eine in Eile hergestellte Adaption des Übungsmodells handelte, wurde die **Me 262B-2a** als Nachtkampfvariante gebaut. Die wesentliche Veränderung bestand im Einbau zusätzlicher Rumpfelemente vor und hinter dem doppelsitzigen Cockpit, wodurch die Länge um 1,20 Meter erhöht wurde. Hierdurch entstand der notwendige Raum, um die hinteren 900 und 600 Liter fassenden Tanks wieder einzusetzen, die in der Me 262B-1a durch 400- bzw. 260-Liter-Tanks ersetzt worden waren. Gleichzeitig wurde der vordere 170-Liter-Zusatztank auf 500 Liter vergrößert. Die beiden 300-Liter-Abwurftanks wurden beibehalten, obwohl am hinteren Rumpf Vorrichtungen für einen 900-Liter-Deichselschlepptank angebracht wurden. Wie bereits bei den früheren Schleppbombentests mit der Me 262, sollte der Tank mit einem Holzflügel und einem abwerfbaren zweirädrigen Starttransportwagen ausgestattet werden. Der Schlepptank hätte die gesamte zur Verfügung stehende Treibstoffmenge der Me 262 auf 4400 Liter erhöht. Der Inhalt des Schlepptanks sollte zuerst geleert werden, damit der Tank, der Flügel und die Schleppstange bald nach dem Start abgeworfen werden konnten. Die Me 262 behielt die vordere Schußbatterie aus vier 30 mm Mk 108 bei, zusätzlich wurden Vorrichtungen für zwei weitere solcher Waffen direkt hinter der Rückseite des Cockpits angebracht.

Die Me 262B-2a war mit einem ähnlichen Radar wie die Me 262B-1a/U2 ausgestattet; erste Flugversuche mit dem Prototypen fanden im März 1945 statt. Es wurden mehrere Versuche unternommen, die Hirschgeweih-Antennenanlage stromlinienförmiger zu gestalten, woraus das Morgenstern-Antennensystem entstand, bei dem kleinere Antennen durch einen spitzen Bugkegel ragten. Hierdurch glaubte man 50 km/h wiederzugewinnen, doch vor Ende des Krieges wurden keine Flugtests durchgeführt.

Der Vorderrumpf der Me 262 mit allen vier 30 mm MK. Der Lauf dieses Geschütztyps war nur sehr kurz und damit recht platzsparend. Die Trennwand direkt vor den Geschützen (durch die die Läufe ragen) war aus laminiertem Holz gefertigt. (Sammlung des Air Force Museums)

Eine Fotoserie der US-Navy aus dem Jahr 1945 von eroberten Jumo 004B-2 Turbostrahltriebwerken zeigt den Motor mit allen Rohrleitungen und Einzelheiten. Obwohl keine hitzebeständigen Materialien verfügbar waren, sind die Jumo-Motoren sehr solide gebaut. (Sammlung des Air Force Museums)

In jedem Fall entschied man sich für die einheitliche Verwendung des Zentimeterwellen-Radars FuG 240-Berlin, dessen Parabolreflektorantenne in eine Wetterschutzhaube eingebettet war, was den Luftwiderstand kaum oder gar nicht beeinflußte. Während das deutsche Reich zerfiel, befand sich die zweite Me 262B-2a, die mit dem Berlin-Radar geflogen werden sollte, in der Endfertigung.

Das Projektbüro in Oberammergau hatte weitreichende Pläne, um die fortschrittlichen Motoren und die verbesserte Aerodynamik für einen fähigeren Nachtjäger zu nutzen, der auf der Me 262B-2a aufgebaut war. Doch der am 12. Februar 1945 vorgelegte Plan mit stark modifizierten Rumpf blieb reine Theorie. Ein anderer, auf den 27. März 1945 datierter Plan, zeigt eine veredelte Version dieser Konstruktion mit geringfügig verkürzten Rudern.

Me 262C Serie-Heimatschützer

Anfang 1945 wurde der raschen Entwicklung der raketenverstärkten Heimatschützer-Version der Me 262 große Bedeutung beigemessen, da sie extrem schnell die Höhe für Aufklärungsflüge erreichen konnte. Dies hätte den Mangel an Warnsystemen zumindest teilweise ausgleichen können, mit dem sich die Deutschen abfinden mußten, seit ihr Frühwarn-Radarsystem durch Angriffe der Alliierten zerstört wurde.

Verantwortlich für die Konstruktion und den Umbau der Me 262C-Serie war das Projektbüro in Oberammergau. Bei der **Me 262C-1a** Heimatschützer I handelte es sich um eine Me 262A-1a (Werk-Nr. 130186) mit einem 1700 kp leistenden Walter R II-211/3 (HWK 509A-1) Raketentriebwerk für heterogenen Treibstoff, das im hinteren Rumpf montiert war. Dies war derselbe Motor, der von Messerschmitt für den Me 263 Komet Nurflügel-Nachtjäger verwendet wurde.

Im vorderen 900-Liter-Haupttank lagerte der T-Stoff (Hydrogenperoxyd und Oxyquinolin), im hinteren 600-Liter-Zusatztank C-Stoff (Hydrazin-

Eine Flamme signalisiert, daß der Jumo 004 gestartet ist. Während des Starts und bei niedrigen Drehzahlen war der Zwiebel-Auspuffkonus eingefahren. (Sammlung des Air Force Museums)

hydrat und Methanol). J2-Diesel-Treibstoff für die Jumo 004C Turbostrahltriebwerke enthielt nur der vordere 170-Liter-Zusatztank, sowie der hinteren 900-Liter-Haupttank. Das Startgewicht der Me 262C-1a betrug 7738 kg. Das Steuerruder der Maschine wurde unten verkürzt, um den Raketenauspuff anbringen zu können, der am äußersten Unterbau des Hinterrumpfs lag. Ende Oktober 1944 wurde die Me 262C-1a auf dem Landweg von Oberammergau nach Lechfeld gebracht. Nach der Montage des Flugzeugs und zwei Probeflügen mit den Jumo-Turbostrahltriebwerken wurden am 25. Oktober 1944 ersten Statiktests mit der Walter-Rakete durchgeführt. Doch erst am 27. Januar 1945 startet Gerd Lindner die Maschine zu ihrem ersten Flug mit Raketenantrieb.

Die Walter-Rakete konnte erst gezündet werden, wenn sich die Me 262 in der Luft befand, doch sobald sie gestartet war, brachte der R II-21 1/3-Motor ausreichend Schubkraft, um die Me 262C-1a in 4,5 Minuten auf eine Höhe von 26.250 Fuß zu bringen. Während des Steigflugs wurde eine Höchstgeschwindigkeit von 1012 km/h erreicht. Sechs weitere Flüge unter Einsatz des Raketenantriebs konnten von der V186 durchgeführt werden, bevor der Versuchsaufklärer am 23. März bei einem Angriff der Alliierten zerstört wurde. Im Sommer 1945 brachte man die erhaltenen Flugzeuge zur Royal Airforce ins englische Farnborough, wo sie von RAF-Ingenieuren untersucht wurden. Die restlichen Flugwerke wurden 1946 verschrottet.

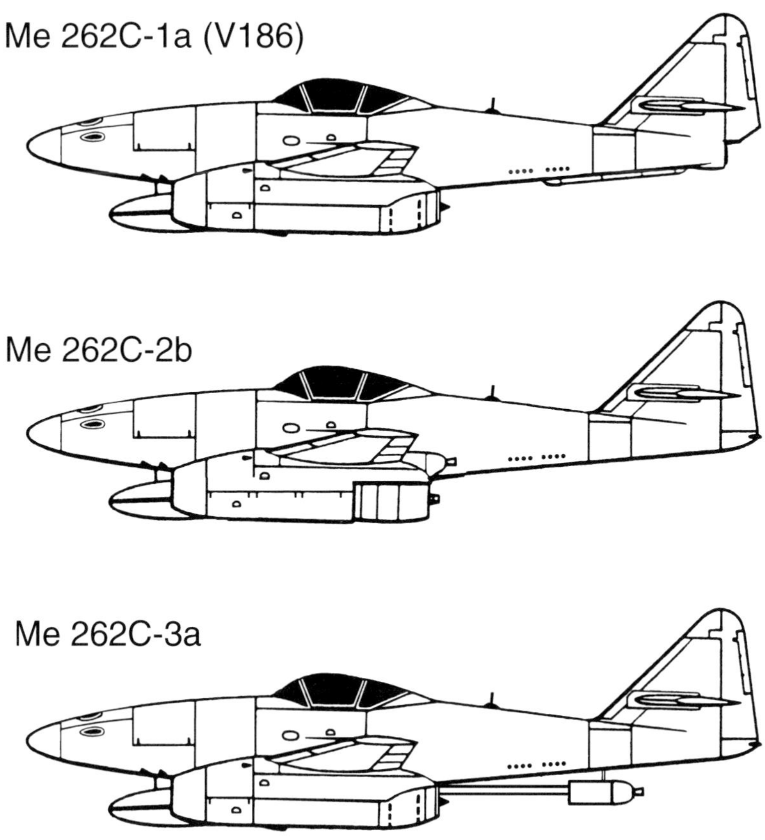

Mit dem raketenunterstützten Flugzeug wurde ein anderer Ansatz verfolgt. Bei der C-1a entfernte man den unteren Teil des Ruders, um Platz für den Auspuff einer unter dem Rumpf (in dem sich ansonsten so gut wie nichts befand) getragenen Rakete zu schaffen. Die C-2b setzte Raketenmotoren ein, die oberhalb der BMW 003-Triebwerke in die Flügel integriert wurden (man beachte die unterschiedlichen Gondeln). Bei der C-3a verwendete man die gleiche Rakete wie bei der C-1a, die jedoch außen angebracht wurde, so daß sie zusammen mit den Zusatztanks abgeworfen werden konnte. (Dennis R. Jenkins)

Messerschmitt ME 262,cockpit,left hand side and index 12-29-45 19912[1]

RESTRICTED 199121

Fig. 3. LEFT-HAND SIDE--Me 262 COCKPIT

1. Circuit-breaker
2. Flap control push-buttons
3. Landing gear control push-buttons
4. Compressed air pressure gauge
5. Position indicator--left main gear
6. Position indicator--nose gear
7. Position indicator--right main gear

Diese Aufnahme wurden im Dezember 1945 zur Dokumentation der Me 262 in einem Bericht über feindliche Technik verwendet. Das Bild zeigt die linke Zusatzkonsole, auf der die Drosselklappen-, Klappen- und Fahrgestellschalter sowie die dazugehörigen Anzeigen zu sehen sind. (Sammlung des Air Force Museums)

Der Umbau der Werk-Nr. 170074 (V074) in die **Me 262C-2b** wurde von dem gleichen Team in Oberammergau durchgeführt, und am 20. Dezember 1944 traf die Heimatschützer II auf dem Landweg in Lechfeld ein. Die Bezeichnung „2b" ist ein wenig unlogisch (eigentlich hätte es Me 262C-2a heißen müssen), wurde jedoch dadurch erklärt, daß das "b" für „BMW" stände.

Die Me 262C-2b wurde von zwei BMW 003R-Einheiten angetrieben, die jeweils aus einem BMW 003A-1-Strahltriebwerk von 800 kp und einer BMW 718 Doppeltreibstoff-Rakete von 1200 kp bestanden. Die Anordnung der Treibstofftanks war mit der der Me 262C-1a vergleichbar, nur daß der S-Stoff im vorderen Haupttank lagerte und der R-Stoff im hinteren Zusatztank. Das BMW 718-Raketentriebwerk war nicht betriebssicher; trotz 50 Werkstattläufen mit den kompletten Einheiten kam es mehrfach zur Explosion.

Nachdem sie wieder zusammengebaut war, wurde die Maschine bei mehreren Versuchsflügen auch mit Düsenantrieb getestet. Frühere Versuche scheiterten daran, daß der hochkorrosive Raketentreibstoff auslief und die Versiegelung der Treibstofftanks zerstörte. Erst am 23. März 1945 bestanden beide TL-R Motoren erfolgreich die Statiktests in Lechfeld.

Am 26. März startete Karl Baur schließlich mit voller Schubkraft. In seiner Beschreibung des einzigen Flugtests, der mit diesem Flugzeug durchgeführt wurde, verzeichnet er:

„Bei etwa 160 km/h drückte ich die Zündknöpfe und die Raketen zündete mit Gebrüll. Ich hatte ein paar Sekunden Angst, als ich versuchte, die Klappen und das Fahrgestell in die Höhe zu bekommen. Das Flugzeug stieg so schnell, daß ich befürchtete, sie könnten abreißen.

Ich drosselte die Geschwindigkeit auf die kritische Machzahl, indem ich den Bug hochzog – es schien, als würde es direkt aufwärts gehen. Der Treibstoff brannte knapp unter 10.000 Fuß ab, und nur eineinhalb Minuten nachdem ich losgeflogen war, stieg ich mühelos auf 25.000 Fuß."

Ein wesentlicher Nachteil des Heimatschützers war das begrenzte Fassungsvermögen der J2 Tanks, zumal einige Treibstofftanks für den Raketentreibstoff wegfielen. Der Me 262C-3 Heimatschützer III trug deshalb das Walter R II-21 1/3-Raketentriebwerk unter dem Rumpf. C-Stoff und T-Stoff lagerten in externen Tanks, die unter den Bombenträgern am Vorderrumpf montiert waren. Das Raketentriebwerk wurde abgeworfen, sobald der Treibstoff aufgebraucht war. Der Treibstoff wurde dem Raketentriebwerk über eine biegsame Rohrleitung zugeführt, was jedoch zu Schwierigkeiten bei der Treibstoffversorgung führte, weil die Tanks etwas unterhalb der Raketenbrennkammer lagen. Diese Schwierigkeiten blieben ungelöst, bis die Arbeiten am Heimatschützer-Programm eingestellt wurden.

Messerschmitt ME-262,German,cockpit,forward left hand side 12-5-45 198156

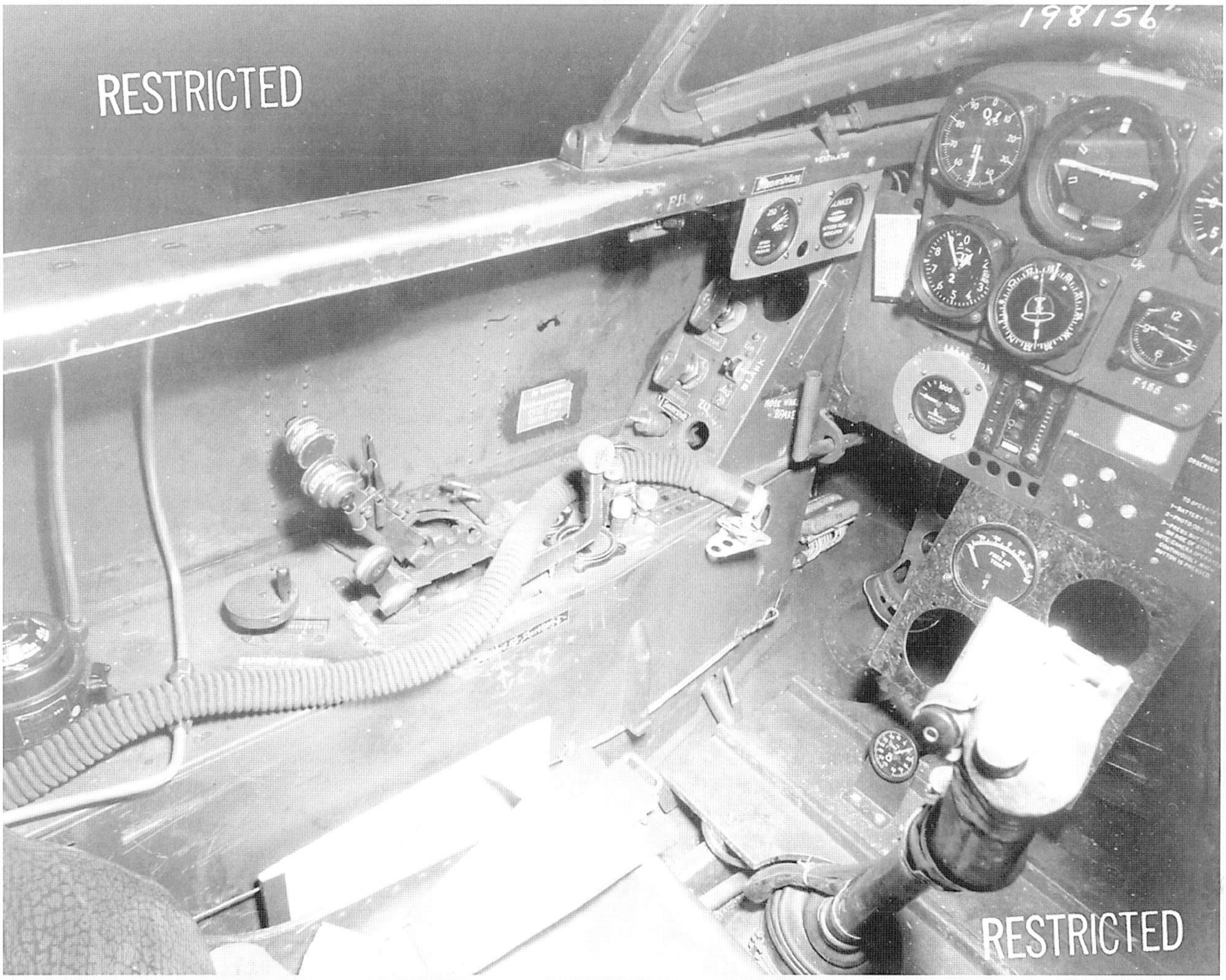

Diese Aufnahme wurden im Dezember 1945 zur Dokumentation der Me 262 in einem Bericht über feindliche Technik verwendet. Das Bild zeigt die linke Zusatzkonsole, auf der die Drosselklappen-, Klappen- und Fahrgestellschalter sowie die dazugehörigen Anzeigen zu sehen sind. (Sammlung des Air Force Museums)

Die Me 262 HG-Reihe

Radikale Veränderungen für extreme Einsätze

Schon im April 1941 hatte Willy Messerschmitt unter der Bezeichnung Pfeilflügel I eine Me 262 mit echten Pfeilflügeln (35 Grad) vorgeschlagen. Da der Entwicklung und Produktion der Anfangsvarianten jedoch Priorität eingeräumt wurde, setzte man die Weiterentwicklung vorläufig aus. Erst im Juli 1943, nachdem die Tests der Me 262 diese Beschränkungen offenlegten, war auch die Luftwaffe der Ansicht, daß die Me 262 von aerodynamischen Verbesserungen profitieren würde. Im Februar 1944 wurde ein Programm von 24 Falltests mit einem Modell im Maßstab von 1 zu 5 aufgenommen, um das Stabilitätsverhalten bei hohen Machzahlen zu erforschen und den aerodynamischen Widerstandskoeffizient als Faktor der Machzahl zu bestimmen. Das Projektbüro in Oberammergau startete ein „Hochgeschwindigkeitsprogramm", um die Möglichkeiten eines „Flugzeugs mit maximaler Geschwindigkeit" zu testen. Während der anschließenden Forschungsarbeiten und der damit verbundenen Planung neuer Jagdflugzeuge und Bomber entwickelte sich die Me 262 schließlich zum Ausgangspunkt dieses Programms und wurde zum Versuchsfeld für das Flugzeug der Zukunft.

Am 1. Oktober 1944 wurde die Me 262V9 (Werk-Nr. 130004) zum Umbau in die **Me 262 HG I** (Hochgeschwindigkeit I) zu den Werkstätten des Projektbüros in Oberammergau gebracht. Das Flugzeug war bereits zu Hochleistungstests eingesetzt worden und erhielt die niedrige, strömungsgünstige Kabine und vergrößerte Seitenflossen. Es gab auch Pläne, die Flügel zu modifizieren, doch ist nicht geklärt, ob dies jemals verwirklicht wurde. In dieser Form nahm die V9 am 18. Januar 1945 Flugtests in Lechfeld auf. Karl Baur, der Testpilot, beklagte sich über das niedrige Kabinendach. Während der fünf Flüge bemängelte er Stabilitätsprobleme, die durch die umgebaute Heckeinheit entstanden. Nachdem das alte Heck wieder eingesetzt war, wurden von Lindner und Baur weitere 20 Testflüge durchgeführt.

Am 28. Juli unterbreitete Messerschmitt Vorschläge für bedeutende Modifikationen an der Me 262A-1a (Werk-Nr. 111538). Das umgebaute Flugzeug wurde Me 262 HG II genannt und weist neben den bereits bei der HG I vorgenommenen Veränderungen (horizontale Pfei-

Auch die Me 262A-1a wurde von den Amerikanern sichergestellt und in FE-110 umbenannt. Das Innenleben der linken Gondel wurde offenbar ersetzt. Am Bug ist das Emblem von Watson's Whizzers zu erkennen. (Jay Miller Collection)

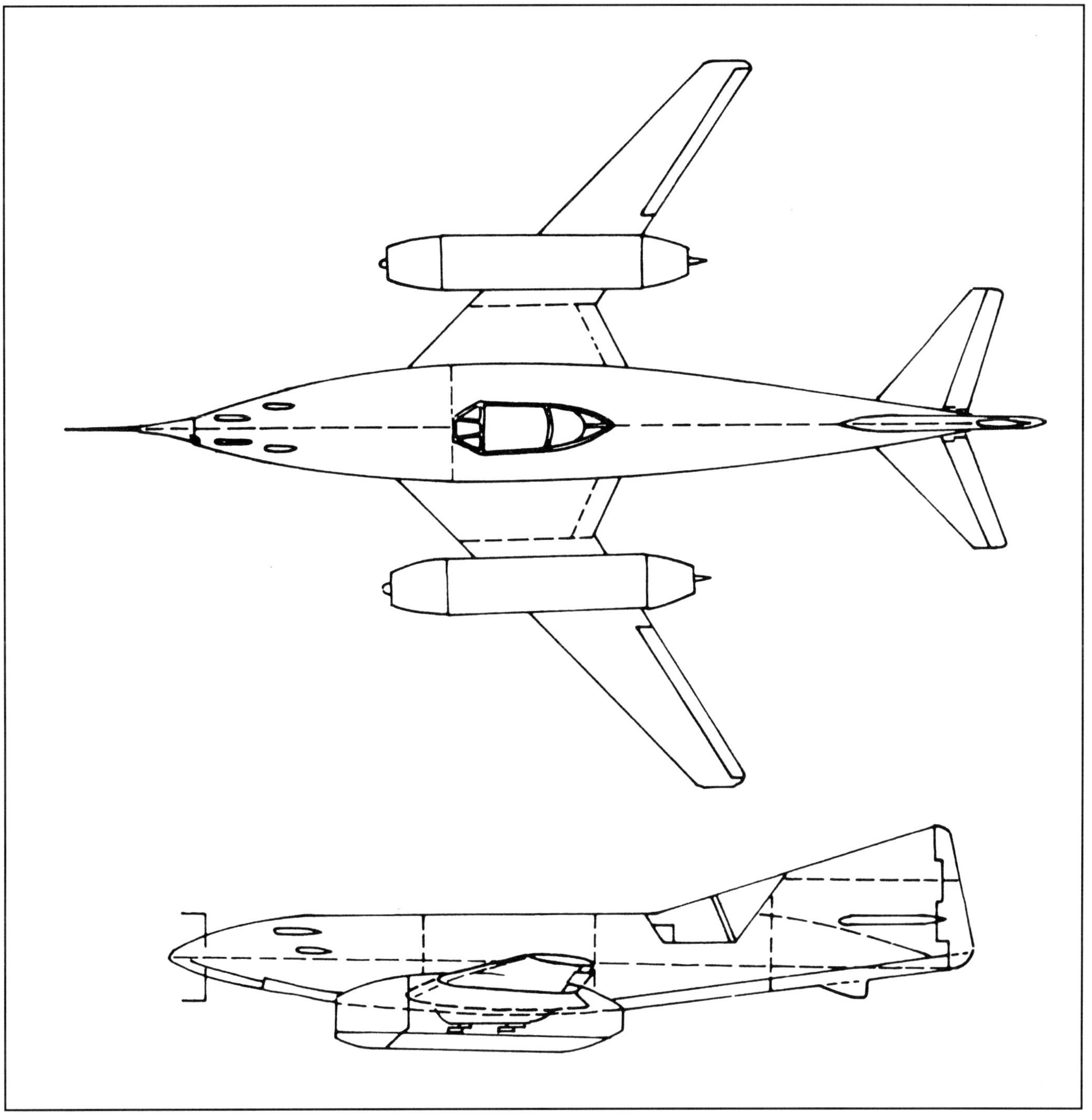

Ein Hochgeschwindigkeits-Konzept, das nicht unbedingt durchdacht erscheint. Das Kabinendach des Cockpits liegt bei der Seitenansicht in einer anderen Position als von oben betrachtet. Abgesehen von der Grundform des Rumpfes besitzt dieses Design kaum noch Ähnlichkeit mit der Me 262.

lung, „geduckte" Kabine) eine Winklung der Flügel um 35 Grad auf. Das Flugzeug sollte sowohl mit Jumo 004c, als auch mit den He S011-Motoren getestet werden. Die Flugtests mit dieser Anordnung waren ursprünglich dazu vorgesehen, den Flügel für ein später geplantes einsitziges Jagdflugzeug zu testen, das Messerschmitt für das RLM entwickelte. Die Originalzeichnungen zeigen die HG II mit einem V Heck anstelle der konventionellen vertikalen und horizontalen Einheiten, die tatsächlich eingebaut wurden.

Nach Dokumenten, die im Juni 1945 für die Amerikaner angefertigt wurden, sollte der HG II Mitte März getestet werden. Die Maschine wurde jedoch bei einem Unfall am Boden stark beschädigt, so daß sie vor Ende des Krieges weder repariert, noch geflogen wurde.

711
ME-262

711

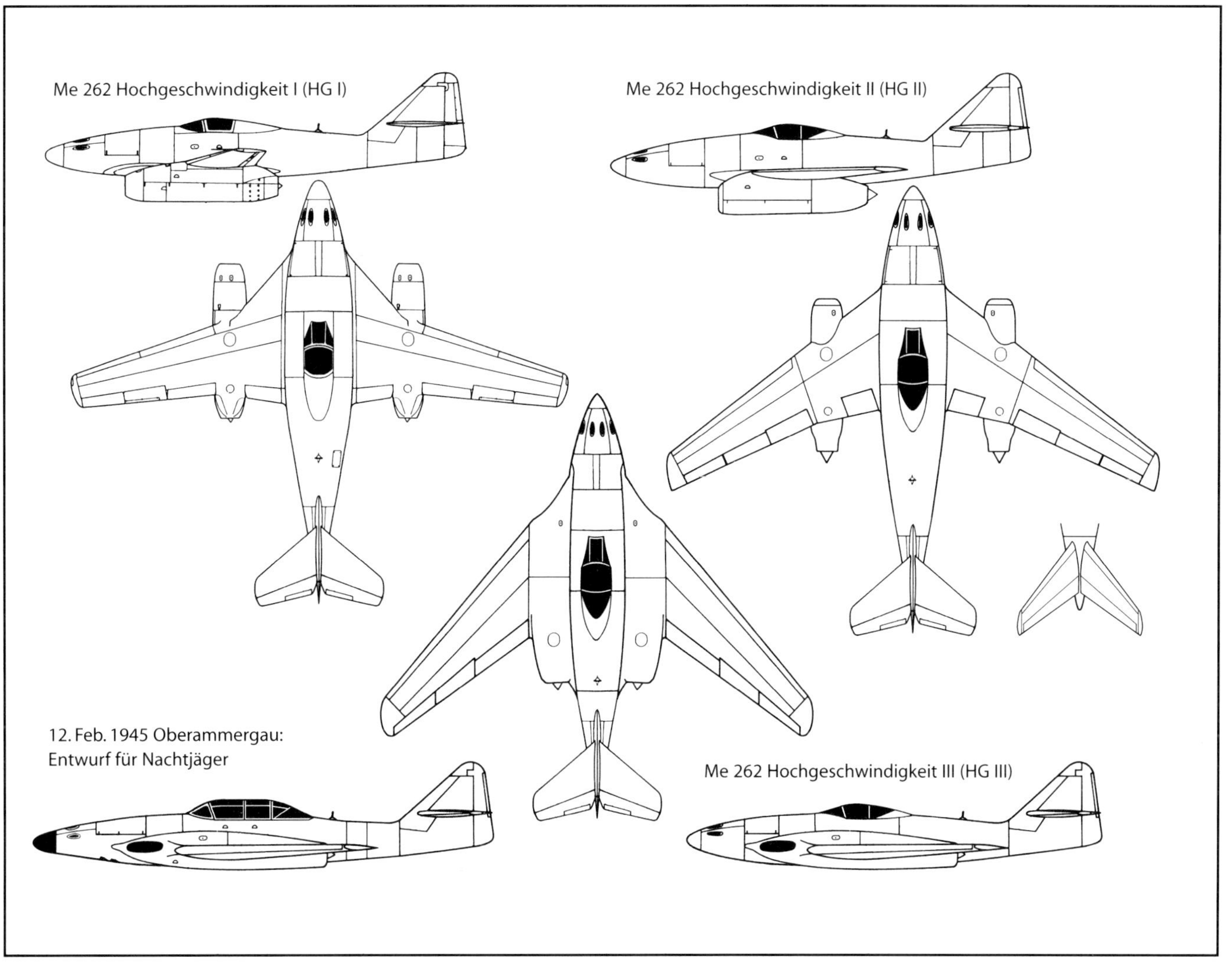

Das Projektbüro Oberammergau entwickelte drei unterschiedliche Bauweisen für ein Hochgeschwindigkeitsflugzeug. Die HG I verband eine Me 262 mit zusätzlichen Rumpf-Flügel-Übergängen, das Kabinendach und die Höhenflosse wurden stromlinienförmiger. Bei der HG II wurde ein neuer Flügel eingesetzt, der Rumpf blieb dagegen weitgehend unverändert. Die HG III war eigentlich eine völlig neue Flugzeugkonstruktion, bei der nur noch die Seitenflossen Ähnlichkeiten mit der Original-Me 262 aufwiesen. Darüberhinaus wurde eine weiterentwickelte zweisitzige Variante des HG III diskutiert. (Dennis R. Jenkins)

Ehrgeizige Pläne standen hinter der am 22. Dezember 1944 erstmals entworfenen **Me 262 HG III** Hochgeschwindigkeit III, einer beinahe völlig umkonstruierten Me 262. Eng am Rumpfansatz der gepfeilten Flügel (45 Grad) wurden zwei He S011 Motoren eingelassen. Dieses Konzept kam nie über Reißbrettstudien hinaus, doch die Grundkonstruktion vom Dezember 1944 war die Basis für den Entwurf eines Nachtjägers aus Oberammergau am 12. Februar 1945. Allein die Verwendung eines modifizierten zweisitzigen Me 262B-2-Rumpfes deutete ihre enge Verwandtschaft mit der Me-262-Serie an. Weitere Veränderungen waren:

- 45 Grad Pfeilflügel (46,5 Grad auf der Line),

(Gegenüberliegende Seite) Die erste Me 262, die in den Vereinigten Staaten ankam, war die Werk-Nr. 111711, die am 31. Mai 1945 bei Frankfurt am Main den amerikanischen Truppen übergeben wurde. Das Flugzeug befand sich auf seinem ersten Testflug von Hessental aus, wo es von Autobedarf Schwäbisch Hall gefertigt wurde. Nach einer Gesamtflugzeit von 10 Stunden und 40 Minuten in insgesamt 12 Testflügen brannte ein Motor aus und die Maschine stürzte ab. Der Pilot konnte sich rechtzeitig in Sicherheit bringen. Dieses Flugzeug gehört zu den am häufigsten fotografierten Me 262 in den USA und wird in der Regel einfach als „711" oder T2-711 bezeichnet. (Sammlung des Air Force Museums)

Zwei von sechs Me 262 an Bord der HMS Reaper auf dem Weg von Cherbourg in Frankreich nach Newark, New Jersey (Juli 1945). Außerdem befanden sich zwei Ar 234, zwei Do 335, drei He 219, neun Fw 190, zwei Ta 152, drei Me 109, eine Me 108, eine Ju 88, ein Doblhoff Düsenhelikopter und zwei Flettner Fl 262 Helikopter an Bord. (Sammlung von Jay Miller über das Luftfahrtausbildungszentrum)

- zwei am Rumpfansatz eingelassene Jumo 004D- oder He S011-Motoren,
- die Anbringung des Hauptfahrgestells am Rumpfansatz, Bugradschacht im Mittelteil des Rumpfes unterhalb der Kabine,
- Heckpfeilung der HG I, die später durch das V-Heck der HG II ersetzt wurde,
- ein stromlinienförmigeres, zweisitziges Cockpit.

Die Geschwindigkeit des Flugzeugs wurde auf 1045 km/h auf Höhe des Meeresspiegels und 1100 km/h bei

Obwohl acht deutschen Flugzeuge BuAer Nummern der US-Navy für Testflüge zugeteilt bekamen, flog nur die Me 262A-1a (BuNo. 121442). Dieses Flugzeug war zuvor von den Whizzers Screemin' Meemie genannt worden und steht heute im Air Force Museum in Daytona. (Sammlung von Jay Miller über das Luftfahrtausbildungszentrum)

20.000 Fuß geschätzt. Messerschmitt glaubte, daß der Durchbruch der Schallmauer unmittelbar bevorstand. Das Projektbüro in Oberammergau führte umfangreiche Untersuchungen bei dieser Konstruktion durch, darunter auch erste Versuche im Windkanal. Wie auch andere zukunftsweisende Entwicklungen bekam diese Konstruktion jedoch keine Chance mehr, vor Kriegsende zu fliegen.

ANDERE MODELLE

Bis zum Ende des Krieges wurden noch zahlreiche andere Versionen der Me 262 entworfen. Die **Me 262D** sollte mit der Anti-Bomber-Waffe Jagdfaust ausgerüstet werden, die aus zwölf Granatwerferläufen bestand. Jeder Lauf enthielt eine 50 mm-Granate vom Typ RX 73, die in einer geschlossenen Salve abgefeuert wurden, wenn sich das Flugzeug mit einem Bomber auf einer gleicher Höhe befand. Simultan mußten Gegengewichte aus dem Rücklauf jedes Granatwerfers abgeschossen werden, um den Rückstoß abzufangen. Die **Me 262E** sollte 24 R4M-Raketen am Bug sowie 24 weitere Raketen unter jedem Flügel tragen, die in drei Salven abgeschossen wurden. Auch verschiedene Bomberversionen wurden erforscht, darunter Konstruktionen mit innenliegenden Waffenbuchten, wodurch Bomben im Gesamtgewicht von 992 kg bei einer Geschwindigkeit von 1000 km/h getragen werden konnten.

Ende 1944 legte Dr. Eugen Sänger Pläne für eine Ultra-Hochgeschwindigkeits-Version der Me 262 vor. Zusammen mit seiner Assistentin und Ehefrau, Irene Bredt, arbeitete Sänger an zahlreichen Hochgeschwindigkeitsprojekten, darunter auch eine Konstruktion für einen Stratosphärenbomber. Sänger verwendete die Standard-Me 262A-1a und setzte zwei Stoßtriebwerke mit 1,1 Meter Durchmesser und 5,8 Meter Länge auf die normalen Jumo 004-Gondeln.

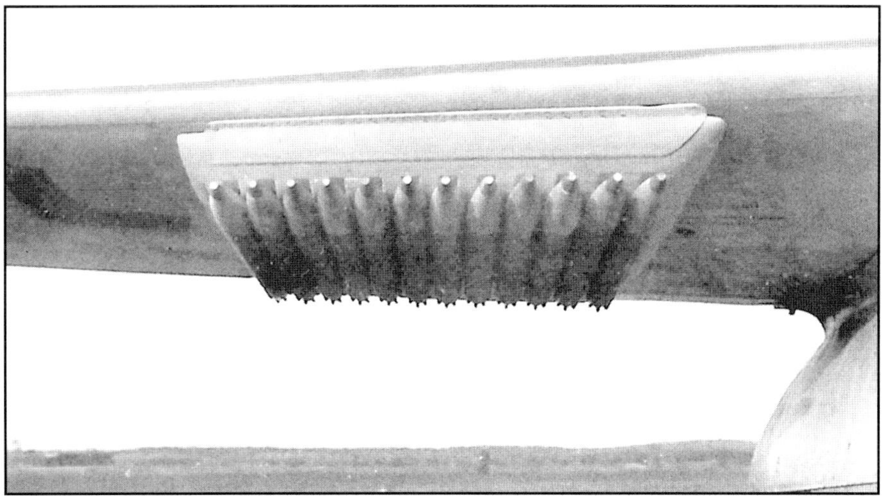

Die ungelenkte 55 mm-Luft/Luft-Rakete erwies sich als schlagkräftige Waffe zur Bekämpfung von Bombern. Bei einigen Me 262A-1a und allen Me 262A-1b konnten zwölf solcher Raketen auf einem Holzgestell unter jedem Flügel getragen werden. Man arbeitete an Plänen, die Zahl der Raketen pro Flügel auf 24 zu erhöhen, doch zum Glück für die Bomber der Alliierten ging der Krieg zu Ende, bevor diese Pläne umgesetzt werden konnten. (Sammlung von Jay Miller über das Luftfahrtausbildungszentrum)

Von der **Me 262 Lorin** wurde eine Leistung von 1013 km/h auf Höhe des Meeresspiegels und ein Steigvermögen von 35.000 Fuß in weniger als sechs Minuten erwartet. Auf den wenigen Zeichnungen, die das Ende des Krieges überstanden, ist zu erkennen, daß ein Hauptproblem darin bestand, daß der Auspuff auf die Höhenflossen aufschlug.

Die **Me 262 Mistel** entstand aus der ursprünglichen Mistel, bei der ein Bf 109-Jagdflugzeug mit einem unbemannten, mit Bomben beladenen Ju 88 Zwillingsmotor-Bomber gekoppelt wurde. Pläne für eine Version, bei der zwei Me 262 verwendet werden sollten, wurden am 28. November dem RLM vorgelegt. Doch obwohl das RLM Gefallen an dem Entwurf fand, wurde bis zum Ende des Krieges kein Prototyp gebaut.

Eine umgebaute, mit großen Mengen Sprengstoff im Bug beladene Me 262A-1a ohne Cockpit

Das bekannteste Detail in dieser Aufnahme aus den Berichten der USAAF über ausländische Ausrüstungen vom Dezember 1945 ist der Bombenhebel an der rechten Seite der Cockpitwand. Der Hebel wurde vom USAAF-Personal gekennzeichnet. Der Trennschalter und die Funkkontrolle sind links zu sehen. (Sammlung des Air Force Museums)

In diesem Flugzeug waren neben der Grundausstattung auch zusätzliche Instrumente installiert. Neben den üblichen vier Instrumenten pro Motor befindet sich ein zusätzlicher Abgasdruckmesser. Das größte Instrument oben ist der Turbinentachometer, daneben sieht man den Abgastemperaturmesser, den Abgasdruckmesser und den Öldruckmesser. (Sammlung des Air Force Museums)

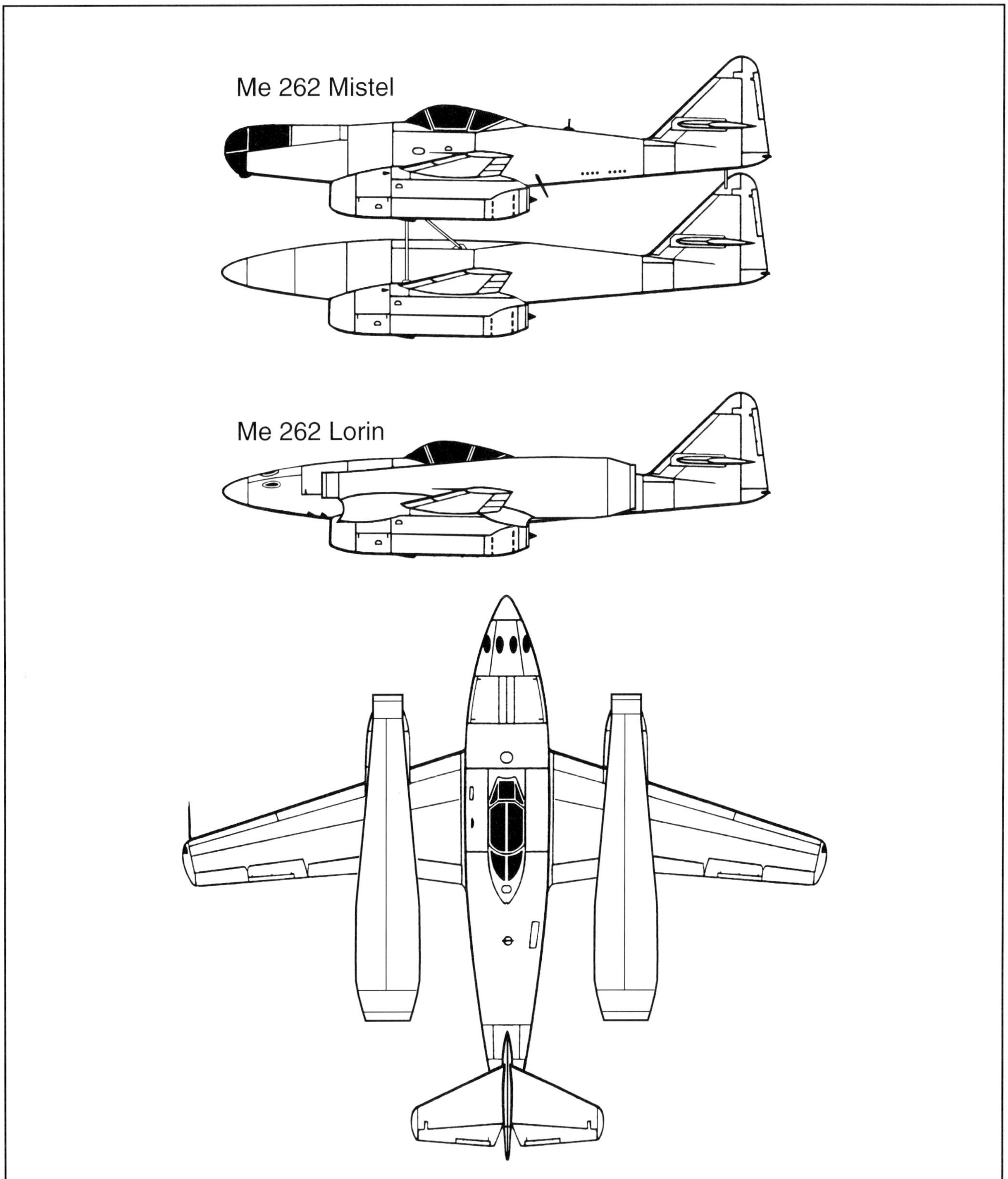

Zwei der interessanteren Weiterentwicklungen der Me 262. Die Mistel war nichts anderes als eine sehr teure Bombe, bei der eine unbemannte Me 262 verwendet wurde, um den Sprengstoff zu seinem Ziel zu bringen. Bei der von Eugen Sänger erdachten Lorin sollten zwei Stoßtriebwerke auf die Jumo 004-Gondeln aufgesetzt werden, um extrem hohe Geschwindigkeiten zu erzielen. Interessanterweise wurde für die Lorin nicht auf das für die HG-Serie entwickelte Höhenruder zurückgegriffen. (Dennis R. Jenkins)

und Fahrgestell trug Huckepack eine Me 262A-2a/U2, von der aus das Flugzeugpaar gesteuert wurde. Beim Start sollte ein dreirädriger Transportwagen eingesetzt werden.

Ein weiteres Projekt war die Messerschmitt P.1103, ein kleiner raketengetriebener Aufklärer, der mit einer 30 mm-MK 108 bewaffnet war und von einer Me 262 geschleppt wurde (wie beim Deichselschleppkonzept der Me 262V10). Nach Erreichen einer bestimmen Höhe sollte die P.1103 ihr Raketentriebwerk zünden, um Flughöhe und Geschwindigkeit zu steigern und so die alliierten Bomber von oben angreifen zu können. Die Konstruktion der P.1103 war bei Kriegsende nicht abgeschlossen und es wurden auch keine Bauteile dafür produziert.

Nach einem im Juni 1945 für die Amerikaner angefertigten Bericht von Messerschmitt waren von der Auslieferung des ersten Prototyps bis zum 19. April 1945 – einem Zeitraum von kaum 14 Monaten – insgesamt 1.443 Flugzeuge vom Typ Me 262 gefertigt worden. Davon waren 611 bei alliierten Bombenangriffen oder der Bombardierung einzelner Produktionsanlagen beschädigt oder zerstört worden, doch 114 wurden repariert und nahmen den Flugbetrieb wieder auf. In dieser Rechnung sind die von den Amerikanern aus beschlagnahmten Einzelteilen zusammengesetzten Maschinen und die in der Tschechoslowakei produzierten Flugzeuge nicht enthalten.

Avia S-92.1

Die Produktionsstätten waren gegen Ende des Krieges bis nach Böhmen verstreut, wo die großen Avia Flugzeugwerke das Bugsegment und den Vorderrumpf herstellten, während in anderen tschechischen Fabriken wichtige Teile des Jumo 004B-Motors produziert wurden. Bei Beendigung des Krieges hielt die Tschechoslowakei eine beachtliche Zahl von Me 262 Flugwerken, Motoren und anderen Einzelteilen zurück. Um diese wichtigen Ressourcen zu verwenden, entschied die tschechische Regierung, eine bestimmte Anzahl Flugzeuge fertigzubauen, um die tschechoslowakische Luftwaffe damit auszustatten.

Die Letecke-Werke in Malesice nahm die Arbeit auf und setzte die Jumo 004B-1-Motoren zusammen, die von den Tschechen M-04 genannt wurden. Die Avia-Werke setzten ihre Arbeit an 18 hierzu passenden Flugwerken fort. Dieses Flugzeug wurde S-92 Turbina genannt (das „s" stand für Jagdflugzeug) und war rein optisch mit der Me 262A-1a identisch. Später wurden drei weitere Flugzeuge als zweisitzige CS-92 fertiggestellt, die fast baugleich mit der Me 262B-1b waren. Der Cheftestpilot von Avia unternahm seinen ersten Flug am 27. August 1946, doch zehn Tage darauf wurde das Flugzeug bei einer mißglückten Landung zerstört.

Eine schöne Gesamtansicht eines voll ausgestatteten Me 262A-2a-Cockpits. Dieses Flugzeug war vollständig mit Instrumenten und Bombenabwurfhebeln bestückt. Durch das bei dieser Aufnahme verwendete Objektiv wird ein geräumiger Eindruck vermittelt, doch in Wirklichkeit war das Cockpit recht eng, was großgewachsenen Piloten Probleme bereitete. (Sammlung des Air Force Museums)

Die einzige noch existierende zweisitzige Avia CS-92 (mit der Code-Nr. V-35) der tschechoslowakischen Luftwaffe steht heute auf dem Freigelände des VM Luft- und Raumfahrtmuseums in Kbeli. In dem Museum befindet sich auch eine einsitzige S-92. (Sammlung von Jay Miller über das Luftfahrtausbildungszentrum)

Die zweite S-92 flog erstmals am 24. September 1946 und im gleichen Jahr wurde noch ein weiteres Flugzeug fertiggestellt. 1947 wurde nur eine einzige S-92 gebaut, die aber dennoch von der Tschechischen Luftwaffe abgenommen und der 5. Jagdfliegerstaffel übergeben wurde. 1948 flog der erste Zweisitzer, die CS-92.7, und bis 1950 waren alle 21 Maschinen ausgeliefert.

Avia hatte verschiedene Verbesserungen vorgenommen; so wurden unter anderem verbesserte 003A-Turbostrahltriebwerke eingebaut und das labile Bugfahrgestell verstärkt. Noch 1951 wurde in Jugoslawien überlegt, S-92 Flugzeuge zu kaufen. Doch bei der öffentlichen Militärparade am 9. Mai 1951 in Letna wurden die sechs S-92 von neun russischen Yak 23 begleitet, was den Beginn engerer Beziehungen zur Sowjetunion deutlich machte.

Die letzte bekannte einsitzige Avia S-92 im VM Luft- und Raumfahrtmuseum im tschechischen Kbeli. Dieses Flugzeug wurde aus einer nicht fertiggestellten Me 262A-1a und gebrauchten, in Tschechien gefertigten Jumo 004B-2-Motoren zusammengesetzt. Ein solcher Motor ist neben dem Flugzeug zu sehen. Das Jagdflugzeug ist bemerkenswert gut erhalten, wie diese Aufnahme von Mitte 1996 zeigt. (Henrik Clausen)

Kurz darauf erhielten die Tschechen die Lizenz zum Bau der MiG 15. Die 5. Jagdfliegerstaffel wurde aufgelöst und ihre Flugzeuge gingen als Lernhilfen an verschiedene Ingenieursschulen für Luftfahrt im ganzen Land. Nur zwei „überlebende" Maschinen sind bekannt: Die S-92 (Nummer V34) und die CS-92 (V-35), die sich in der Luft- und Raumfahrtausstellung in Kbeli befinden.

Watson's Whizzers

Technikbegeisterte werden Colonel Harold E. Watson um seine besondere Aufgabe beneiden: Er war für das Projekt Lusty verantwortlich. Am 27. April 1945 erteilte General Carl Spaatz den Befehl, eine Technische Geheimdiensteinheit unter der Befehlsgewalt der Luftwaffe der Vereinigten Staaten einzurichten. Die satzungsgemäße Aufgabe der Einheit bestand darin, funktionsfähige Flugzeuge der Luftwaffe und andere innovative Einrichtungen aus den besetzten Gebieten zu retten. Das Material sollte vor Ort untersucht und Teile von besonderem Interesse sollten zu weiteren Tests nach Wright Field im Bundesstaat Ohio gebracht werden. Unter Watsons Leitung wurde die Gruppe bald als Watson's Whizzers bekannt – und die Me 262 stand ganz oben auf der Liste der begehrten Fundstücke.

Das Suchgebiet umfaßte Deutschland, Österreich, Norwegen, Dänemark und Frankreich. Zur Vermeidung von Überschneidungen wurden die Arbeiten mit einer vergleichbaren britischen Gruppe und einem amerikanischen Team koordiniert, das mit der Untersuchung der A-4 (V2) Rakete beauftragt war. Die Whizzers konzentrierten sich zunächst auf Lechfeld, weil sich dort die größte Ansammlung von Me 262 befunden hatte. Neben der Me 262 und anderer Flugzeuge gelang es Watsons auch einige andere Gegenstände mit nach Hause zu nehmen, darunter eine hochentwickelte Kodiermaschine.

In Me 262: Stormbird Rising beschäftigt sich Hugh Morgan ausführlich mit den Whizzers, daher soll die Geschichte hier nicht noch einmal aufgegriffen werden. Es genügt anzumerken, daß die Suche interessant war und das Buch sehr lesenswert ist. Als die HMS Reaper schließlich in Newark im Bundesstaat New Jersey ankam, hatte sie zehn Me 262, zwei Ar 234, zwei Do 335, drei He 219, neun Fw 190, zwei Ta 152, drei Bf 109, eine Me 108, eine Ju 338, eine Ju 88, einen Doblhoff Düsenhelikopter und zwei Flettner Fl 262 Helikopter geladen. Zusammen mit Captain Fred McIntosh flog Watson eine viermotorige Ju 290A zum Transport über den Atlantik. Die Geheimdiensttruppe in Wright Field war damit für mehrere Jahre beschäf-tigt. Einzelheiten aller gefundenen Flugzeuge und deren Verwendung durch die Alliierten finden Sie in dem Buch War Prizes von Phil Butler.

Tischlers Sturmvögel

Man kann es sich kaum vorstellen: Das erste, was man sieht, wenn sich

Das Hauptfahrgestell einer Me 262A-1a zeigt das starke Profil der für unwegsames Gelände geeigneten Reifen. Bei dem schmalen, zylindrischen Gerät handelt es sich um eine Antenne für das Allwetter-Landesystem. (Dennis R. Jenkins)

die Hangartore der Flugzeugfabrik bei Meacham in Fort Worth öffnen, sind die Hecks von sechs Me 262, die adrett in einer Reihe aufgestellt sind. Es ist beinahe 50 Jahre her, daß sich so viele Maschinen dieses Typs am gleichen Ort befanden. Wer den Hangar ohne Vorwarnung betritt, dürfte einen ziemlichen Schock erleiden.

Die Texas-Flugzeugfabrik im Besitz und unter der Leitung von Herbert Tischler baut Repliken der Me 262. Diese Flugzeuge sind in jeder Hinsicht besser als das Vorbild, obwohl sie weitestgehend den Originalen entsprechen. Eines der sechs Hecks gehört zur Werk-Nr. 110639, einer Leihgabe der Original Me 262B-1a von der NAS Willow Grove an die Texas-Flugzeugfabrik. Im Tausch für diese Leihgabe soll Willow Grove die 110639 in komplett restaurierter Form zurückerhalten.

Herbert Tischler war 14 Jahre alt, als die erste Me 262 in die Lüfte stieg. Er hatte Glück und konnte sich aufgrund seiner Fähigkeiten für ein Förderprogramm des RLM in Berlin-Schönefeld qualifizieren. Dort wurde er zum Metallflugzeugbauer ausgebildet, wobei technische Arbeit an der Werkbank mit Unterricht in angegliederten Ingenieurschulen kombiniert wurde. In dieser Ausbildung lernte Tischler die Fertigung fast aller zum Aufbau eines modernen Flugzeugs gehörenden Teile, mit Ausnahme der Motoren.

Leben und Werdegang Tischlers sind sehr interessant und in Hugh Morgans Stormbird Rising findet sich seine komplette Geschichte, deren Lektüre an dieser Stelle empfohlen wird. 1950 aus russischer Kriegsgefangenschaft entlassen, trat Tischler in den Dienst der USAFE. 1953 reiste er nach Ecuador, um dort für eine kleine regionale Fluglinie zu arbeiten. 1957 kam er schließlich in die USA und begann dort, Hubschrauber zu reparieren. 1959 machte sich Tischler selbständig und verlagerte den Schwerpunkt seiner Tätigkeit bald auf den Flugzeugbau.

In den nächsten Jahrzehnten konnte sich Tischler einen Namen als Konstrukteur unterschiedlicher Nachbauten von Vorkriegsflugzeugen machen, darunter eine P-51 im Maßstab 1:7, ein Curtiss P-6E Zweidecker-Jagdflugzeug in Originalgröße (gegenwärtig zur Ausstellung im EEA Museum in Oshkosh), sowie eines Boeing P-12 Jägers, der zur Zeit im Flugzeugmuseum von Seattle ausgestellt wird. Die Texas-Flugzeugfabrik wurden von den Museumseignern ins Leben gerufen – zu denen Doug Champlin von Mesa im Bundesstaat Arizona gehört – um einen Auftrag über vier Grumman F3F-2 erfüllen zu können.

Der Bug der Me 262 Werk-Nr. 110639 nach seiner Restaurierung durch Tischler. Das Bugsegment bestand aus Stahl und wurde stark in Mitleidenschaft gezogen, nachdem es vier Jahrzehnte im Freien stand. Unten rechts ist die Nachbildung der 30 mm-MK 108 zu sehen. Unter der Plexiglasabdeckung erkennt man die Geschützwartungsklappe der 110639. (Dennis R. Jenkins)

Der Rumpf der Werk-Nr. 110639. Davor aufgereiht sieht man die Höhenruder für die Nachbauten des Flugzeugs. Eines der neuen Gußteile für die Nachbildung der 004 sieht man im Vordergrund. (Dennis R. Jenkins)

Die Me 262B-1a (Werk-Nr. 110639) wie sie sich im April 1970 auf dem Freigelände der NAS Willow Grove präsentierte. Das Farbschema entspricht nicht dem Standard. Obwohl das Flugzeug im Freien steht, ist der Zustand gut. Als es bei Tischler eintraf, war es jedoch verrostet und äußerst renovierungsbedürftig. (Sammlung von Jay Miller über das Luftfahrtausbildungszentrum)

Im Juli 1993 nahmen Herb Tischler und seine Truppe aus Feinblechschlossern, Maschinenschlossern und Mechanikern die Arbeit an fünf einsatzfähigen Me 262 auf. Vier dieser Maschinen sollten zu Zweisitzer nach dem Vorbild der 262B-1a umgebaut werden, eine in einen Einsitzer wie die Me 262A-1a. Bei zweien der Zweisitzer wird ein System integriert, mit dem sie unverzüglich in den anderen Bautyp verwandelt werden können (obwohl sie dann mit den geringeren Treibstoffkapazitäten des Zweisitzers auskommen müssen).

Diese neuen Me 262 sind optisch nicht vom Original zu unterscheiden – nur der ausgezeichnete Zustand deutet darauf hin. Die Materialien und Konstruktionstechniken sind so authentisch wie möglich, aber die Qualität liegt deutlich über der der Messerschmittwerke, die im Krieg auf unerfahrenes Personal zurückgreifen mußten. Ein wesentlicher Unterschied liegt in den Motoren. Da die Jumo 004B-Motoren, die ohnehin nicht besonders zuverlässig waren, nicht mehr erhältlich sind, hat Tischler sich für die J-85-GE-17 Motoren der Baureihe A-37 von General Electric entschieden. Um das Erscheinungsbild nicht zu verändern, wird die Texas-Flugzeugfabrik die neuen Motoren in Nachbildungen der original Jumo 004B-Gehäuse einbauen. Da die J-85 675 kg weniger wiegt als die Jumo, sorgt das Gewicht des Gußgehäuses zudem für die Wiederherstellung des Schwerpunktverhältnisses. Zum anderen erblickt jeder, der die Triebwerkgondeln öffnet, das, was er dort erwartet ... ein Jumo 004B! Ein positiver Nebeneffekt der neuen Motoren ist der, daß sie 50 Prozent mehr Schubkraft bieten.

Als ich die Texas-Flugzeugfabrik mit Jay Miller im April 1996 besuchte, ergab sich dort folgendes Bild: die epoxydgrundierten Rümpfe lagen in Spannvorrichtungen, ein Flügelpaar war in der Konstruktionsphase, die Cockpit-Auskleidungen für alle Maschinen waren so gut wie fertiggestellt, an mehreren Motorhauben wurde gearbeitet und einige Transportpaletten mit Reifen waren gerade geliefert worden. Die Werkstatt war sehr ordentlich, sauber und gut organisiert. Beim Vergleich des neuen Flugzeugs mit der Werk-Nr. 110639 konnten keine wesentlichen Unterschiede festgestellt werden und die an diesem Flugzeug vorgenommenen Restaurierungen sind von wirklich beeindruckender Qualität. Die Tischler-Flugzeuge werden Ende 1997 flugbereit sein - zum ersten mal seit mehr als 50 Jahren wird wieder eine Me 262 starten. Es wird eine interessantes Ereignis werden.

NAKAJIMA KIKKA

Bei dem japanischen Marine-Flugzeug Nakajima Kikka (Orangenblüte) handelt es sich um ein Doppelstrahl-

Anbringung des Kabinendachs am vierten Tischler-Flugzeug. Das Heckteil ist noch nicht angefügt, wodurch sich der dreieckige Rumpfquerschnitt erkennen läßt. (Dennis R. Jenkins)

triebwerk-Jagdflugzeug, das Parallelen zur Messerschmitt Me 262 aufweist. Die Kikka war das einzige während des II. Weltkriegs gebaute Düsenflugzeug der Japaner, das aus eigener Kraft abheben konnte. Ein zweites Modell für ein düsengetriebenes Flugzeug, die Nakajima Ki.201 Karyu, befand sich im Anfangsstadium der Entwicklung.

Anfang 1944 enthüllten die Deutschen in Berlin den Japanern gegenüber Einzelheiten der Me 262. Die Berichte über die Fortschritte bei der Entwicklung der Me 262, die der japanische Luftwaffenattache in Berlin erhielt, veranlaßten die Marinekommandantur Nakajima Hikoki K.K. anzuweisen, einen einsitzigen Düsenjäger nach Vorbild der Me 262 zu bauen. Projektiert war eine Höchstgeschwindigkeit von 693 km/h und eine Operationsreichweite von 200 km mit einer 500-Kilo-Bombe oder 280 km mit einer 250-Kilo-Bombe. Der Aufstieg sollte bei nicht mehr als 1500 Fuß mit zwei Hilfsraketen mit 450 kp erfolgen. Außerdem sollten Vorrichtungen eingebaut werden, mit denen die Flugzeugflügel eingeklappt werden konnten, damit die Maschine in Höhlen und Tunneln versteckt werden konnte. Die Konstruktion sollte möglichst einfach gehalten werden, damit sie auch von ungelernten Arbeitskräften gefertigt werden konnte.

Im Juli 1944 erlaubten die Deutschen den Japanern die Produktion von Flugzeugen der Baureihen Me 163 und Me 262. Pläne und Zeichnungen beider Maschinen, ihrer Motoren und Angaben zum Treibstoff wurden an Bord mehrerer U-Boote nach Japan geschickt. Am 22 Juli 1944 genehmigte Göring die Lieferung einer Me 163 und einer Me 262 an die Japaner als Probeflugzeuge, doch dieser Plan wurde später verworfen, weil kein geeigneter Weg gefunden werden konnte, um die Flugzeuge nach Japan zu transportieren. Doch während die Unterlagen über die Me 163 in Japan ankamen, wurde das die Me 262-Pläne transportierende U-Boot von den Alliierten am 16. Mai 1945 aufgebracht – acht Tage nach der Kapitulation Deutschlands.

Somit waren die Japaner gezwungen, die Maschinen aus den Erinnerungen verschiedener Ingenieure, die in Deutschland gewesen waren, und den zuvor nach Japan gelangten Dokumenten nachzubauen. Der Grundaufbau der Kikka entsprach dem der Me 262, obwohl die Kikka etwas schmaler als ihr deutsches Gegenstück war. Außerdem hatte die Kikka ungepfeilte Flügel und einen etwas kastenartigeren Rumpfquerschnitt. Wie bei der Me 262 waren die beiden Turbostrahltriebwerke in separaten Gondeln unter den Flügeln montiert. Anfänglich sollte das Flugzeug mit zwei Tsu-11 Motoren mit jeweils 200 kp Schubkraft angetrieben werden, doch bald darauf wurden sie durch zwei von den Japanern konstruierte Ne-12-Turbostrahltriebwerke mit 350 kp ersetzt. Doch die Ne-12 war nicht in der Lage, die nötige Schubkraft zu entwickeln, und das offizielle Interesse an der Kikka schwand dahin, weil es so schien, als könnte man die Leistungsanforderungen nicht erreichen.

Der Bug des dritten Tischler-Flugzeugs wird angefertigt. Jeder Rumpf sitzt auf eigenen Werkbänken, wodurch die Produktion simultan ablaufen kann. (Dennis R. Jenkins)

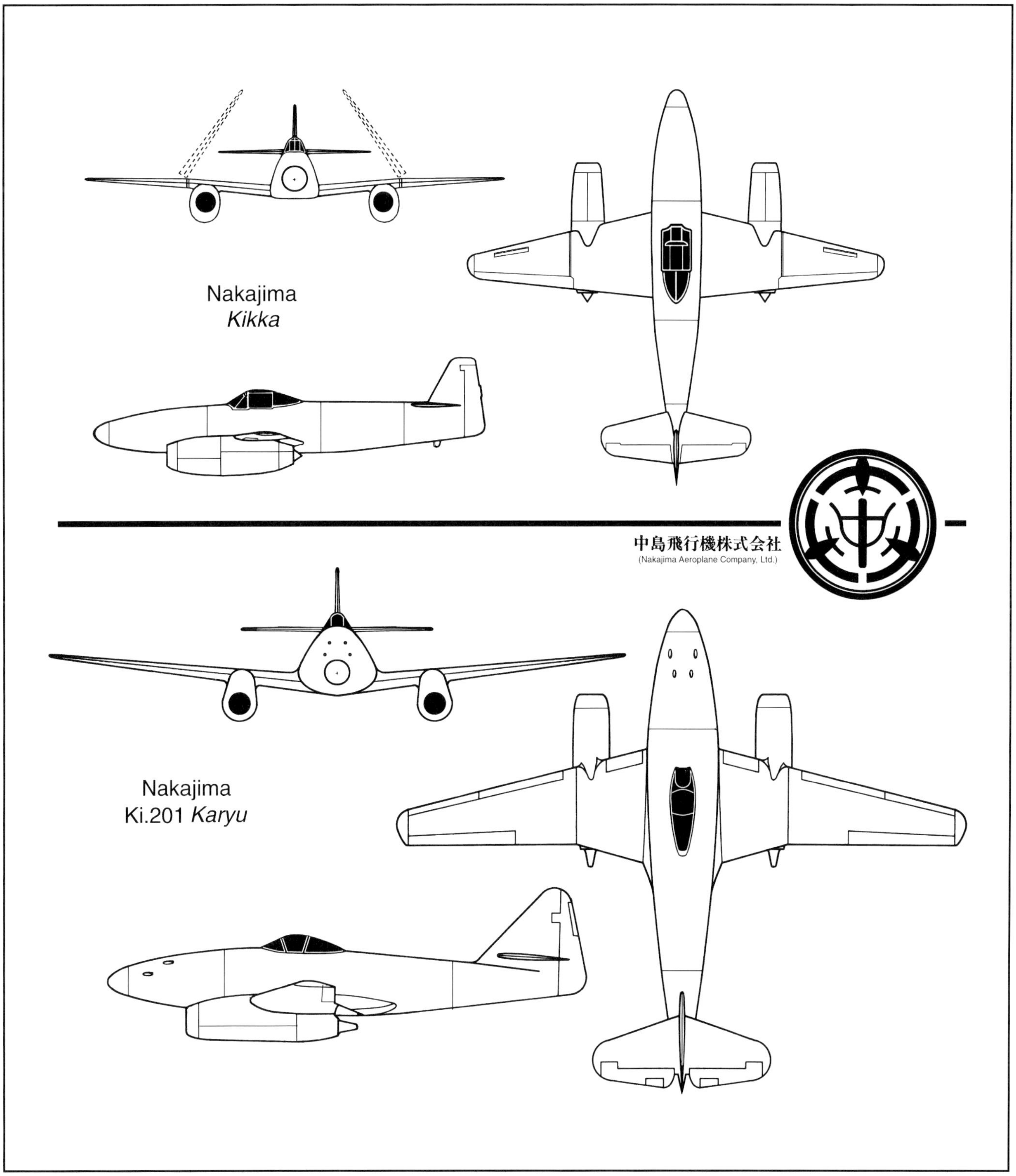

Die Nakajima Kikka und Karyu sollten ursprünglich Nachbauten der Me 262 werden. Doch nicht alle technischen Daten, die die Deutschen nach Japan geschickt hatten, kamen rechtzeitig in Japan an. Die Kikka wurde hauptsächlich anhand der Erinnerung mehrerer japanischer Ingenieure konstruiert, die vorab über die Me 262 unterrichtet worden waren. Sie war ein ganzes Stück kleiner und ähnelte dem deutschen Flugzeug nur vom Gesamtaufbau. Zu beachten sind die Klappflügel, die es ermöglichten, das Flugzeug in Höhlen und Tunneln zu verstecken. Nur eine einzige Kikka flog vor Beendigung des Krieges; einige weitere Prototypen wurden weitgehend fertiggestellt. Das Erscheinungsbild der Karyu entsprach der Me 262 weit mehr, doch vor Ende des Krieges wurde nicht ein einziger Prototyp fertiggestellt. (Dennis R. Jenkins)

Die einzige existierende Kikka, wie sie in den Räumlichkeiten des National Air and Space Museums in Silver Hill (Maryland) zu sehen ist. Die Triebwerkgondeln sind Repliken und die Kontrollflächen arg ramponiert. (Sammlung von Jay Miller über das Luftfahrtausbildungszentrum)

Die Halle zur Endmontage der Kikka in der Nakajima Koizui Fabrik am 6. November 1945. Im Hintergrund erkennt man in Bau befindliche viermotorige Marinebomber vom Typ Renzan. Kurz vor dem Ende des Krieges wurden alle Arbeiten an der Renzan eingestellt, um Material und Arbeitskräfte auf die Produktion der Kikka zu konzentrieren. (Sammlung des Air Force Museums)

In der Zwischenzeit hatte man Fotos des deutschen BMW 003 Turbostrahltriebwerks erhalten und die Japaner konnten diese Bilder dazu verwenden, ein vergleichbares Triebwerk (Ne -20) mit 480 kp Schubkraft zu konstruieren. Man entschied, die Ne-20 in die Kikka einzubauen. Da es nun wieder aussah, als könnten die Leistungsanforderungen erreicht werden, machte das Projekt rasche Fortschritte.

Der Pilot Susumu Takaoka unternahm den Jungfernflug mit der ersten Kikka am 7. August vom Marineflugplatz Kisarazu. Ein zweiter Flug vier Tage später mußte während des Starts abgebrochen werden, weil die beiden Zusatzraketen im falschen Winkel montiert worden waren. Die japanische Kapitulation am 15. August 1945 brachte das Projekt verfrüht zu Ende. Zu diesem Zeitpunkt war ein zweiter Prototyp beinahe testbereit, 18 weitere Prototypen und vorproduzierte Flugzeuge befanden sich in unterschiedlichen Stadien der Endmontage. Mindestens eines, vielleicht sogar drei der Flugzeuge, wurden nach dem Krieg in die USA gebracht; aufgebaut wurde davon jedoch keines. Eins davon befindet sich heute in den Lagerräumen des National Air and Space Museums.

Die geschätzten Parameter des Flugzeugs lag bei einer Höchstgeschwindigkeit von 623 km/h auf Höhe des Meeresspiegels und 697 km/h in einer Höhe von 32.810 Fuß. Die maximale Flughöhe lag bei 39.370 Fuß; zum Erreichen einer Höhe von 32.180 benötigte das Flugzeug 26 Minuten. Die Reichweite der Maschine bei voller Kampfbeladung wurde auf 940 km geschätzt. Die Kikka hatte eine Spannweite von 10 Meter, war 8,1 Meter lang und 2,95 Meter hoch. Der Flügel hatte eine Gesamtfläche von 11 Quadratmeter. Das Leergewicht betrug 2282 kg, das Startgewicht 3472 kg und das maximale Startgewicht 4048 kg. Keiner der Prototypen war mit Waffen ausgestattet. In Planung befanden sich Jagdflugzeuge, Übungsflugzeuge, Aufklärer und Angriffsversionen der Kikka. Die Bomberversion sollte unbewaffnet bleiben, aber die Jagdflugzeuge sollten mit zwei 30 mm-Geschützen ausgestattet werden. Die Modelle aus der Serienproduktion sollten mit zwei Ne-130-Axialstrahltriebwerken mit jeweils 900 kp Schubkraft ausgerüstet werden sollen.

Die Nakajima Ki.201 Karyu war ein Angriffsflugzeug, dessen Leistungen gegenüber zeitgenössischen Düsenjägern zumindest gleichwertig, wenn nicht besser sein sollten. Das erste, von einem Team unter Iwao Shibuya konstruierte Flugzeug, sollte im Dezember 1945 fertiggestellt werden. Geplant war, im März 1946 18 regulär produzierte Flugzeuge auszuliefern.

Das Flugzeug sollte von zwei Ne 230 Motoren angetrieben werden und je zwei 20 mm- bzw. 30 mm-Geschütze, sowie eine einzelne 500-Kilo-Bombe tragen. Die weitere Ausstattung bestand aus einem TaKi-15-Bordradar für Aufklärungsflüge, woraus sich schließen läßt, daß das Flugzeug nicht allein für einfache Angriffszwecke gedacht war. Der Prototyp sollte in den Mitaka-Werken von Nakajima an der westlichen Spitze von Tokio zusammengebaut werden, doch beim Zusammenbruch Japans war die Endkonstruktion nicht einmal zur Hälfte abgeschlossen, und es waren auch keine Bauteile fertiggestellt worden.

Zwei Kikka in der Montagehalle, aufgenommen gegen Ende des Krieges. In dem großen Hohlraum unter dem Rumpf sollte der Tank Platz finden. Der Flügel war außen neben den Gondeln mit Gelenken befestigt, so daß er eingeklappt werden konnte, um die Maschine in Höhlen und Tunneln verstecken zu können. (Sammlung des Air Force Museums)

WICHTIGE DATEN

SCHLÜSSELDATEN IN DER GESCHICHTE DES STURMVOGEL ME 262

1909
In Frankreich werden mehrere Patente für Turbostrahltriebwerke vergeben.

1930
Der Brite Frank Whittler erhält ein Patent mit der Nummer #347206 für die von ihm entwickelte Turboaxialturbine.

10. November 1935
Für eine während seiner Studienzeit entwickelte Strahlturbine erhält Hans Joachim Pabst von Ohain ein deutsches Patent mit der Nummer #317/38.

Oktober 1937
Messerschmitt läßt Studien über die Realisierbarkeit eines düsengetriebenen Flugzeugs anfertigen.

Herbst 1938
Das Technische Amt des Reichsluftfahrtministeriums beauftragt Willy Messerschmitt und Ernst Heinkel, die Möglichkeiten zum Bau eines Düsenflugzeugs zu untersuchen.

7. Juni 1939
Messerschmitt und Heinkel unterbreiten dem RLM ihre Vorschläge. Der Entwurf Messerschmitts wird als Projekt 1065 bezeichnet.

27. August 1939
Das Versuchsflugzeug Heinkel He 178 startet als erstes deutsches Düsenflugzeug.

9. November 1939
Messerschmitt reicht einen überarbeiteten Entwurf seines Düsenjägers ein.

19. Dezember 1939
Dem RLM wird ein Modell der P.1065 vorgeführt.

1. März 1940
Nach Besichtigung weiterer Modellen erteilt das RLM Messerschmitt den Auftrag drei flugbereite Me 262 Prototypen und ein Versuchsflugzeug zu bauen.

15. Mai 1940
Die Konstruktion der Me 262 wird durch Pfeilflügel sowie unter den Flügeln aufgehängte Turbinengondeln ergänzt.

Juli 1940
Die Weiterentwicklung des Jumo 004-Motors wird aufgenommen.

August 1940
Der Bau von Einzelteilen der Me 262 beginnt.

Januar 1941
Endmontage des ersten Prototyps der Me 262.

2. April 1941
Die Heinkel He 280 startet zu ihrem ersten Flug.

17. April 1941
Die Me 262 startet mit einem Jumo 210Ga-Kolbenmotor zu ihrem ersten Flug. Dabei erreicht Flugkapitän Fritz Wendel eine Höchstgeschwindigkeit von 420 Km/h.

17. April 1941
Die Heinkel H2 280 steigert den Weltgeschwindigkeitsrekord auf 780 Km/h.

11. Mai 1941
Das britische Jagdflugzeug Gloster E28/39 Meteor unternimmt seinen ersten Flug.

Dezember 1941
Das Jumo 004-Strahltriebwerk übersteht einen 10-stündigen Bodentest mit 660 kp Schubkraft.

25. März 1942
Der erste Me 262 Prototyp startet mit Düsenantrieb. Dabei werden BMW 003-Triebwerke eingesetzt. Aufgrund eines Triebwerksausfalls kommt es beinahe zu einer Katastrophe.

18. Juli 1942
Der dritte Me 262 Prototyp fliegt erstmals mit den neuen Jumo 004-Triebwerken. Fritz Wendel erreicht mit der Maschine eine Geschwindigkeit von 600 Km/h. Später am Tag wird noch ein zweiter Flug unternommen.

11. August 1942
Der erste Flug eines Luftwaffenpiloten in der Me 262 endet beinahe tragisch. Beauvais kam ohne ernsthafte Verletzungen davon, doch das Flugzeug wurde stark beschädigt.

2. Oktober 1942
Das amerikanische Jagdflugzeug Bell XP-59A Aircomet fliegt erstmalig.

Januar 1943
Die Alliierten erhalten Geheimdienstinformationen über einen Me 262 Prototypen in Augsburg.

11. Februar 1943
Ein von einer Me 323S9 getragener Rumpf der Me 262 wird über dem Chiemsee abgeworfen, um Informationen über die Flattereigenschaften zu gewinnen. Ein zweiter Abwurf erfolgt am 23. Oktober 1943.

20. März 1943
Hauptmann Wolfgang Späte fliegt die Me 262 als erster Pilot im Einsatz. Er ist von der hohen Geschwindigkeit des Flugzeugs beeindruckt.

18. April 1943
Bei einem ersten fatalen Unfall einer Me 262 kommt der Pilot Wilhelm Ostertag ums Leben.

Wichtige Daten

Schlüsseldaten in der Geschichte des Sturmvogel Me 262

2. Juni 1943
Die Aufnahme der Produktion der Me 262 als Jagdflugzeug wird angeordnet. Ziel ist, 60 Flugzeuge monatlich zu bauen.

26. Juni 1943
Die Me 262V5 fliegt erstmals mit einem dreirädrigen Fahrgestell.

25. Juli 1943
Die Präsentation der Me 262 V4 vor Hermann Göring verläuft erfolgreich.

2. November 1943
Hermann Göring besichtigt die Messerschmitt-Werke in Augsburg. Er erkundigt sich nach der Möglichkeit, die Me 262 als Bomber einzusetzen. Man versichert ihm, daß dies möglich sei.

Dezember 1943
Albert Speer räumt der Produktion der Me 262 höchste Priorität ein.

8. Januar 1944
Der amerikanische Düsenjäger Lockhead XP-80 Shooting Star fliegt zum ersten mal.

Januar 1944
23 Me 262 Flugwerke sind bis auf die Triebwerke komplett montiert.

Frühjahr 1944
Die schweren Bomber der Amerikaner werden von P-51 Mustang Jägern bis nach Berlin begleitet.

April 1944
Im April werden schließlich 16 Flugzeuge an die Luftwaffe ausgeliefert, im Mai sind es weitere sieben. Zum Training mit dem neuen Flugzeug wird das Erprobungskommando 262 gebildet.

23. Mai 1944
Hitler ordnet an, die Produktion der Me 262 auf die Varianten des Jagdbombers zu konzentrieren. Die Produktion von Jagdflugzeugen sollte eingestellt werden, alle bereits existierenden Jäger zu Jagdbombern umgebaut werden.

6. Juni 1944
Die Alliierten Truppen landen in der Normandie. Weniger als 30 Me 262 befinden sich im Einsatz. Sie sind nicht zum Transport von Bomben geeignet.

Juli 1944
Blohm & Voss liefert das erste zweisitzige Me 262B Trainingsflugzeug aus.

6. Juli 1944
Als erstes Flugzeug der Welt überschreitet eine Me 262 die 1000 Km/h Grenze.

26. Juli 1944
Leutnant Alfred Schreiber vom Kommando Thierfelder erzielt mit dem Abschuß einer Mosquito der RAF den ersten Luftsieg einer Me 262.

August 1944
Das Kommando Schenk fliegt Jagdbombereinsätze über Frankreich.

10. August 1944
Insgesamt sind 10 Prototypen und 112 reguläre Me 262 produziert, doch nicht einmal 50 befinden sich im Einsatz.

28. August 1944
Der erste Abschuß einer Me 262 wird Major Joseph Myers und Lieutenant M. D. Croy von der USAAF zugeschrieben.

30. August 1944
Hitler gibt die Genehmigung, daß jede 20. Me 262 als Jagdflugzeug gebaut werden kann.

10. Januar 1945
Mehr als 600 Me 262 sind bereits produziert, doch nur 61 befinden sich im Kampfeinsatz.

27. Januar 1945
Die mit Hilfsraketen ausgestattete Me 262C-1a steigt in 4,5 Minuten auf eine Höhe von 26.250 Fuß und erreicht eine Höchstgeschwindigkeit von 1012 Km/h.

3. März 1945
Zu einem ersten konzentrierten Angriff werden 26 Me 262 Jagdflugzeuge gegen amerikanische Bomberformationen eingesetzt.

18. März 1945
Insgesamt 37 Me 262 greifen Formationen aus 1.221 Bombern und 632 Jagdflugzeugen an. 12 Bomber und 2 Jagdflugzeuge werden vernichtet, ebenso 2 Me 262.

April 1945
Mehr als 1.200 Me 262 wurden bereits von der Luftwaffe abgenommen, doch im Einsatz befinden sich weniger als 200.

10. April 1945
55 Einsätze markieren die Höchstzahl von Flügen der Me 262, die innerhalb eines Tages durchgeführt wurden. Zehn schwere Bomber werden abgeschossen, doch die Amerikaner schießen ebenfalls 27 deutsche Jagdflugzeuge ab.

27. August 1946
Die erste Avia S.92 aus tschechoslowakischer Produktion nimmt den Flugbetrieb auf.

Juli 1993
Die Texas-Flugzeugfabrik beginnt mit dem Neubau von fünf flugfähigen Me 262.

Februar 1997
Die erste neue Me 262 startet zum Jungfernflug.